Everything Is Nothing

人的一生就是一次单线程的旅行，这条路上有阳光鲜花，也有雨雪风霜。看透了人生，就不要因为一次偶尔的挫折而看轻自己和生命，要知道，只要你对生活充满希望和热情，人生就没有趟不过的河，过不去的坎。相信生活，总有一天痛苦和不幸会过去，幸福快乐会来临。

神马都是浮云

我的第一本心灵保健书

Shenma Doushi Fuyun

韩彪◎编著

上一代人的坎坷我们听的太多，我小的时候不懂现在也懂得不多，顶多是成长烦恼带给每个人的一点挫折。就业恋爱等等要作那么多的选择，谁都想要舒适谁都想要自我，面对残酷现实不要退缩，勇敢追求我的理想快乐的生活。

中国華僑出版社

图书在版编目(CIP)数据

神马都是浮云:我的第一本心灵保健书 / 韩彪编著.—北京:中国华侨出版社，2011.9
ISBN 978-7-5113-1171-9

Ⅰ.①神… Ⅱ.①韩… Ⅲ.①人生哲学-通俗读物 Ⅳ.①B821-49

中国版本图书馆CIP数据核字（2011）第166312号

●**神马都是浮云**:我的第一本心灵保健书

编　　著 / 韩　彪
责任编辑 / 骁　晖
装帧设计 / 孙希前
责任校对 / 王京燕
经　　销 / 新华书店
开　　本 / 710×1000毫米　1/16　印张 / 17　字数 / 238千字
印　　刷 / 三河市华润印刷有限公司
版　　次 / 2011年11月第1版　2011年11月第1次印刷
书　　号 / ISBN 978-7-5113-1171-9
定　　价 / 29.80元

中国华侨出版社　北京市朝阳区静安里26号通诚达大厦3层　邮编:100028
法律顾问:陈鹰律师事务所
编 辑 部:(010) 64443056　64443979
发 行 部:(010) 64443051　传真:(010) 64439708
网　　址:www.oveaschin.com
e-mail:oveaschin@sina.com

Preamble 序言

2010年，网络惊现一句流行语："神马都是浮云！"以燎原之势响彻大江南北，人们常常将这句话挂在嘴边，"神马"，它不是一匹马或者什么神物，其实是"什么"的谐音，"浮云"的意思即虚无缥缈，转瞬即逝。而这句话的整体意思就是说，人生当中其实很多东西都只是浮云，不要看得过重，看透看开一些东西，才能真正体会到什么是幸福。

在夏日枯旱的非洲大陆上，一群饥饿渴乏的鳄鱼陷身在水源快要断绝的池塘中，较强壮的鳄鱼已经开始捕杀同类了，眼看物竞天择、强者生存的理论正在上演。

这时，一只瘦弱勇敢的小鳄鱼，却起身离开了快要干涸的水塘，迈向未知的大地。干旱持续着，池塘中的水愈来愈混浊、稀少，最强壮的鳄鱼已经吃掉了不少同类，剩下的鳄鱼看来是难逃被吞食的命运。却不见再有鳄鱼离开，也许栖身在浑水中，等待迟早被吃掉的命运，总比离开、走向完全不知水源在何处还安全些。

池塘终于完全干涸了，剩下的唯一一条大鳄鱼也不耐饥渴地死去了，它到死还守着它残暴的王国。

可是，那只勇敢离开的小鳄鱼，经过多天的跋涉，幸运的它竟然没死在半途上，而在干旱的大地上，找到了一处水草丰美的绿洲。

原来物竞天择，未必强者生存，小鳄鱼很幸运是因为它懂得选择离开，证明了改变观念、改变心态便能改变命运的适者生存哲学。

动物都有这种观念，但为什么有的人却做不到呢？很多时候我们都会对生活失去信念和信心，在追求目标的路上遭遇挫折的时候，在感情上被人拒绝和背叛的时候，在生命健康遭遇威胁的时候……我们哭泣了，我们犹豫了，我们要放弃了，我们开始冷漠，更可怕的是我们开始看破这个世界。于是，生活失去了颜色，天不蓝了，草不绿了，鲜花也凋谢枯萎了，美丽的世界抛弃了我们。然而，没有希望又哪来的美丽呢？

其实生命和生活一直都是美丽的，重点是你是否给自己希望，在陷入挫折的泥淖的时候，是否愿意看透这一切重新站起来，相信总有一天一切痛苦和不幸都会过去。

热爱生命吧，尊重万物苍生，再也不要放弃自己，不要告诉世界，我只是来过，要大声地喊出你的心声，我真正地活过这一生。

亲爱的朋友们，我们要好好的活在今天，活在此刻，对生活充满希望而不要把一些虚无缥缈的东西看得过重。生活要看得清醒，更要看得真实。路在脚下，真爱在心中，梦想在远方，实实在在做个平凡而真挚的人。时间紧迫，岁月无情，不要让热情干涸在沙漠中，在心灵深处，为自己种出一片绿洲，带着梦想，带着希望，奔向远方。

一个人生不带来一棵草，走不带去一朵花。很多时候离开时仓促得都无法再向这个世界多看一眼，仓促吗？实在是无奈！生死呼吸间，通透得自然。当呼吸停止时，万物繁荣，一切枯寂。繁荣在它，枯寂属我。即使貌似潇洒站在康桥的徐志摩又能怎样呢？真的不想带走一片云彩吗？貌似无羁的李太白也无法相信。神马都是浮云，对无限而言不必讨论：存在的都要不复存在。一人之下万人之上的权力能永久吗？富可敌国的的钱财会永留吗？也许小小的细胞想造反，也许大洋彼岸的蝴蝶扇动两下翅膀，也许没有了也许……当你我获得了通透，有即是无、在即是不在，诸如此类何需大惊小怪？一瞬间，绚烂幻变平淡，自然而然罢了！坦然而思，神马都是浮云！

本书文字优美，语言流畅，从发生在我们身边的故事娓娓道来，以独特的视角深入浅出地阐述了人生的真谛。如果你现在还为看不透人生而烦恼，如果你已经为人生的困难所击倒而消极厌世，如果你想快点走出人生的困惑，如果……那么你就翻开此书吧，在闲暇时细细品味其中的甘甜，在苦闷彷徨时思考心灵的方向。“横看成岭侧成峰，远近高低各不同”。不管你是浅尝，还是深品，本书都能给你以安慰，给你以鼓舞，给你以力量，帮你开启幸福、快乐的人生之门。

Contents
目 录

第一章

情爱是浮云

——谈情说爱不要“很傻很天真”

每一份感情都很美，都让人沉醉，当爱情离我们而去时，要肝肠寸断吗？要看破红尘吗？当然不能！要知道爱情是有生命的，因此该放手的时候就放手吧，要知道，放弃错的才能和对的相逢。但我们绝不能将爱情当作生活的唯一，更不可不再相信爱情，我们要做的就是擦掉眼泪，继续寻找生命中的那个真正属于你的人。

Contents
目录

第二章

利益是浮云

——难得糊涂成就“洗具”人生

“洗具”一词，是“喜剧”的谐音。人生中充满了利益的得与失，得到了我们开心，失去了我们痛心，得失间，我们饱受着患得患失的折磨。值得吗？当你看透人生当中的“利”的时候，你就知道，利益得失不过是人生中的平常事，面对利益得失我们最好不要强求，要看透不看破，有一颗平常心，最好做一个睁一只眼闭一只眼的“糊涂人”。我们自己就是人生戏剧的导演兼主角，完全有能力掌控自己这出戏的大结局。

Contents
目录

第三章

钱财是浮云

——幸福人生“不差钱”

钱的一半是金，一半是两把高悬的利刃。这是我们的祖先在造字赋义时，就将它的真谛既明显又含蓄地告诉了世人：它是宝贵的“金”；没有看透或是看破，两把横刃的“戈”就会随时向你砍来。做金钱的主人还是做金钱的奴隶？是一辈子都在金钱的泥沼中挣扎，还是让金钱成为我们幸福快乐的源泉？全在于你是否能学会衡量金钱的价值和意义。

Contents
目录

第四章

脾气是浮云

——生气不如争气

生活中总能碰到让我们生气的人，生气的事。看透人生中的“气”你会知道，生气不过是在用别人的错误来惩罚自己。面对别人的过错，我们不如平静下来，做到心里精明有数，外在宽宏大量，能忍则忍不生气，有生气的工夫还不如好好争气，过好自己的日子。

Contents
目录

第五章

功绩是浮云

——努力奋斗的人最“给力”

“给力”一词，是我们常说的“给劲儿”，振奋的意思。成功不会垂青于不知进取和学习的懒惰之人，人生要有所成就，就要看透成功实现的过程和所需要的条件，要知道，只有不停下奋斗脚步的攀登者，最后才能摘下成功的桂冠，实现自己的理想和价值，打造一个“给力”的人生。

Contents
目录

第六章

虚名是浮云

——做个“打酱油”的又何妨

名誉是一个人在生活中的价值得到公众的承认，是社会根据他的贡献馈赠给他的，不是你伸手就可以要到，用钱就可以买到，或是强求就可以得到的。如果你看透了这层道理就明白，想要拥有名誉，就要踏踏实实地做点实事，让自己变得“名副其实”。“打酱油”，也是一个网络语言，意思是不去参与那些尔虞我诈的纷争而做好自己的事情，这是一种人生的态度，既不是简单的路过，也不是单纯的看热闹，这是一种娱乐，冷眼旁观他人的喧嚣，而静静品味自己的沉默。一个人的一生，其实更多的时候就是一个“打酱油”的，他人极力去争那些虚名，我自品味我自己的生活，体会自己的小小幸福，做一个“打酱油”的又何妨？

Contents
目 录

第七章

权势是浮云
——懂得放下的人生不“杯具”

“杯具”，跟“洗具”类似，是“悲剧”的谐音。很多人的一生，就是一个不停地追求权力的过程，但是权再高也不过是站在普通人的肩膀上，与世间万物一样，物极必反，盛极必衰。看透了这些，不为官，我们就不会强求职权，更不会让我们的子女为仕途而求学；为官，就要居高自省，放下身段低调做人，通晓进退之理。

Contents
目录

第八章

他人是浮云

——淡定的态度玩转人际关系

这个世界上，人是最复杂的动物，与人相处也是最复杂的事情。要想取得不错的人脉资源，就要把人际关系之间的一些规则看透，懂得如何跟人们和谐相处，从而淡定地穿梭于人际之间而游刃有余。

Contents
目 录

第九章

自己是浮云

——让自己成为自己的“传说”

有位作家说得好:“自己把自己说服了，是一种理智的胜利;自己被自己感动了，是一种心灵的升华;自己把自己征服了，是一种人生的成熟。大凡说服了、感动了、征服了自己的人，就有力量征服一切挫折、痛苦和不幸。”人生最大的挑战就是对自己的挑战，敢于发现自身的弱点和不足并将其克服，以追求更卓越的人生。

Contents
目录

第十章

神马都是浮云

——快乐人生不需要“羡慕嫉妒恨”

人的一生就是一次单线程的旅行，这条路上有阳光鲜花，也有雨雪风霜。看透了人生，就不要因为一次偶尔的挫折而看轻自己和生命，要知道，只要你对生活充满希望和热情，人生就没有趟不过的河，过不去的坎。相信生活，总有一天痛苦和不幸会过去，幸福快乐会来临。

第一章

情爱是浮云

——谈情说爱不要“很傻很天真”

每一份感情都很美，都让人沉醉，当爱情离我们而去时，要肝肠寸断吗？要看破红尘吗？当然不能！要知道爱情是有生命的，因此该放手的时候就放手吧，要知道，放弃错的才能和对的相逢。但我们绝不能将爱情当作生活的唯一，更不可不再相信爱情，我们要做的就是擦掉眼泪，继续寻找生命中的那个真正属于你的人。

1.放弃错的才能和对的相逢

看清楚爱情的本质，就不会固守在错误的爱情里假装幸福，如果不合适，那就不要强求，擦干眼泪，放下过去，去继续寻找生命中真正属于自己的幸福。

爱情里，人们的理性都会被爱情的火花所点燃，烧得只剩下感性的灰烬，在风花雪月里妖娆地舞蹈。这美丽的梦幻般的感觉让很多痴心人儿执著地牺牲着青春，即使那不过是一个错误的遇见，他们也愿意为之坚贞地守候。为了这个完美的梦，他们在错误的爱情里争吵着、哭泣着、忍受着，一次又一次地背叛，一次又一次地原谅……

很多人问:“爱情应该是美好的，是幸福的，而我固守的爱情为什么如此破碎?他为什么不能给我想要的幸福?”其实答案很简单，当你看透了你们之间这段情，你就会恍然发现，你在一个错误的时间里爱了一个错的人。

生活中，很多人都陷在鸡肋般的爱情里，不放手又味同嚼蜡，想放手又舍不得。抱住不适合自己的人不肯放弃，恐怕在马上到来的情人节里单身一人顾影自怜，成为一个被“爱情”抛弃的人，岂不知，只要爱对了人，每天都是情人节。

一个女孩苦苦追求到了她喜欢的男孩，可事情并没有她想的那么幸福。男孩对她的态度很糟糕，忽冷忽热，经常对她发脾气，有时候还当着她的面和别的女人调情，通讯录里有一串暧昧者的手机号码，更有时候半个月没一个电话和短信。女孩的朋友都劝她离开男孩，可她就是舍不得，每次男孩说分手，她都会哭着求他不要离开……

难道这是很多人所理解的专情吗?生活中就是有这样一些人，为了能和自己所喜欢的人在一起，他们不惜使用“一哭二闹三上吊”这种最原始的办法，想以此挽留爱人。

也许这留住了爱人的人，但是这却留不住他的心。更有甚者，为了这份感情而赔上了自己那年轻而又灿烂的生命，可能这会唤起爱人的回应吧，但是这也带给了他更多的内疚与自责，还有不安，从此快乐就会和他挥手告别。

很多时候，我们赞美爱情里的“专情”，可是这专情并非是让你专一在一个错误的人和错误的爱情上，要知道，如果一个人在爱情里不能给你快乐和幸福，他给你的是伤心和背叛，那么说明你正在进行一个错误的爱情，那些想离开你生活的人，你们的遇见和相恋本身就是个时差的错误，他是不值得你去苦苦挽留的。与其把一个同自己未来毫无关系的人放在心里，还不如把自己的心房清空，因为，你不放弃错的，又怎么能跟对的相逢？你的放弃不过是为了下一秒更美好的相逢和相恋，这是一种对爱情看透但不看破的美好境界。

人生在世，如果不能看透情，不懂得放弃不属于自己的东西，就不会珍惜身边的美好，结果将可能是一无所有。只要自己适当地选择执著与放弃，不太过于强求，顺其自然，往往会在不经意间找到真正适合自己和属于自己的东西。

人生中有很多东西是你必须要去看透的，无论是生活中，还是事业中或爱情里，遇到错的东西就要勇于割舍和放弃。这是一种积极的人生态度，这是一种在看透情况下不看破的理智。虽说做到这一点很难，但是，如果你姑息它的成长，这些错误很可能会挡住你碰见和接受正确的东西的视线。你的视野被错误的东西占满，又怎么去捕捉对的影子呢？

爱情诚可贵，幸福价更高！为了自己一生的幸福，不要让泪水蒙蔽了自己的双眼，擦亮双眼，鼓起勇气！只有放弃错的，才能和对的相逢！

2.不要为了一棵树而放弃整片森林

缘分天定，但是你不知道哪一份感情才是真正属于你的缘分，所以不要死心眼、想不开，不要为了一棵树而放弃了整片森林。

生活中有一些人在对待感情上有一种“舍他其谁”的观念，只要牵了手，即使对方不再爱他（她），也要和这个人过一辈子。我们只能说这种人想不开，看不透。

爱情不是恒星，不是永恒不变的，爱情其实就像一棵树，要经历最让人怦然心动的萌芽期，要在两个人的相处中一点点地成长，要在最美好的日子里开最浪漫的花朵，也许还会结出幸福的果实。但是你要知道，不是所有的树都会开花结果的，爱情是有生命的。很多时候，爱情都会因为各种原因失去了最初的茂盛，甚至是在中途就夭折了，这就像一个人的生老病死一样，是不能强求的。

如果你看透了这一点，你就要明白，对待爱情你需要的不过是一种顺其自然的心态，强扭的瓜不甜。开展恋爱的“多种经营”，不仅“生意兴隆”，而且还会成为感情上的百万富翁。

恋爱，当然是想拥有一个志趣相投的人。但怎样才能找到这个人呢?大多数人常常把希望寄托在一个可望而不即的目标之上，这就大错特错了。

梅和文的恋情已有两年多了，这里面的酸甜苦辣他们算是尝够了。通常每周四晚上，文下班后来看她，她总是做好了饭菜等着。但有时候，经常是到了约定的最后一分钟，文才来电话，说他不能来了，梅非常难过，觉得太不公平，她怎么也想不通，“为什么他爱我就不像我爱他那么强烈呢?为什么他总是三心二意，以至于不履行对我的承诺呢?”

梅是蛮傻气的，真是个傻女孩！

不论什么时候，只要一个人把对幸福的全部渴望寄托在一个偶像上，即使这个偶像是个现实的人，也难保他不会大吃苦头。也许他会得到这个人，但是得到就等于失去。

一些人经历了几次失败的恋爱后就灰了心，朋友劝他们参加社交活动，他们都会以种种借口推脱，什么“太穷”啦，“太忙”啦，“太累”啦……说到根上，他们在爱情道路上走上了一条不正确的道路，导致他们不再相信爱情，他们宁愿一个人孤苦伶仃地过一辈子，也不愿意再去尝试爱情的感觉。这样的结局可谓是悲剧性的。因此，爱情可以看透，却不要看破。尽管真正的爱情有时候可遇不可求，但你留心看看周围的朋友，那些看起来是“偶然”碰到的或是“缘分”安排的恋人，其实都包含了当事人良苦的用心。

如果你想找一个相爱的人，就得花些精力。守株待兔，靠天上掉下馅饼是不行的。你要到人群中去，邀请熟人、朋友到家里吃饭，对同学、同事、邻居要表现出格外的友善。

在邻居、同事或你喜欢参与的活动中实在没有合适的人选，还有一些办法可供参考。

在图书馆，每次都坐同一个地方，显得精力充沛；在人群聚集的地方，问一些容易回答的问题挑起话头；随身带上容易引起争论的书。

你很腼腆，那么从下周起，尝试着向你周围的人微笑并且说：“你好！”在公共场合挑起话头，如自我介绍、赞扬别人、对别人的专长表示感兴趣，同时注意倾听周围人的谈话，给对方谈论自己的机会。

一旦有了足够的同陌生人谈话的经验，实践时就感到轻松自如，那么你可以准备往深水里跳了。鼓起勇气，选择一个恰当的时机同合适的人选会面，在他（她）的身上再试验一下新学到的技巧。别担心出什么纰漏，错了再来一次就是。

反反复复实践，经过无数次成功和失败的磨炼，丑小鸭会变成白天鹅。当然，有一点要说明，所行其事须秘而不宣，哪怕是最亲密的朋友。朋友是可以信赖的，但说不定会有冲动或不慎的时候，说漏了嘴，别人以为你轻佻或张狂，影响你的名声。

总有一天你能如愿以偿，找到遂心如意的男朋友或女朋友，与你风雨同舟。

3.失恋不失落，分手也快乐

爱情不是生活的全部，没有了爱情之后，我们依旧可以很快乐。失去感情的人，忘记对方对他们来说其实就在于是否能把爱情这件事想得通透而释然。只要忘记过去，下一站幸福就会在不远处。

无论是男人还是女人，只要他真心投入到一段爱情里，分手都能成为他人生中一个不小的挫折。这挫折不亚于任何一种挫折，它和所有的挫折感一样，都伴随着痛苦、伤心、难过、失落感、失败感……这些细微的疼痛会像细菌一样，渗透到他的每个细胞里，毛孔里，让他时时咀嚼着这份痛。如果没有一种“良药”，他的痛也许一辈子都不能治愈。

对付分手之痛的良药到底是什么?它不是疗效奇快的西药,更不是上等价值的中草药，它不过是一种不需要你花费分文的心态，这种心态叫——失恋，但不失落。

生活中，得到与失去永远维持着它的恒定。得到了财富却失去了亲情，得到了智慧却失去了快乐，实现了梦想却失去了健康……爱情道路上也是一样，若他先弃你而去，不必伤感，因为只要你学会放手，就能让自己找到更好的幸福。

一个女孩失恋了，哭得昏天暗地，有好几天都不出家门，把自己反锁在房间里不吃不喝。所有的人都以为她不会再像以前那样快乐地笑了。可是有一天朋友们碰到她时，她又变回了以前的光鲜亮丽。她说她想透彻了，既然失去了，就证明那个人不属于她。虽然分手是不好受的，但在分手中她明白了什么样的人不适合自己，她会继续好好地生活，继续寻找她生命中的真命天子，绝不会像有些人那样看破红尘。她说，不管怎么样，爱情都是很美好的，她会永远相信爱情。

没想到，分手也可以是快乐的。爱情中的双方，如果一个人把失恋看成是自杀的理由的话，那是极其幼稚和愚蠢的；如果一方因对方的拒绝而从此自卑的话，那是最懦弱、最不理智的行为。相反，当对方弃你而去时，而你能想得开，看得透，能很快整理好自己的心情继续快乐地生活，那你就成熟了，也在失恋中得到了睿智。对于破碎的感情舍不得放弃的人，往往会失去更珍贵的东西。纵然这是一件让人痛心的事情，也不容易被轻易忘掉，但事实上，忘掉它是唯一理智的解决方法。

很多人说忘记不了，其实不是忘不了，而是心底压根就不想忘。如果你明知道这段爱情已经没有挽回的余地了，却还要让自己的情感扯不断理还乱。把自己关在房间里躺在床上回忆从前的快乐；一个人听着音乐想念着曾经拥有的浪漫；一个人在雨天里等他来为你撑伞……就这样，你用无奈、伤感和痛苦吐出丝，做成茧，然后把自己包裹起来，究其原因只因为你没有把爱情看透，没明白爱情是可遇不可求的，爱情多数时候都是一去不返的。想开些，忘记那些惊天地泣鬼神的誓言吧；忘记那些耳鬓厮磨的日子吧；忘记那张魂牵梦绕的脸庞吧。毕竟爱情不是生命的全部，没了爱情还有许多更重要的事等待我们去做。爱情是有生命的，当一段爱情经历了生老病死，该结束时就让它结束吧。

在没有了爱情之后，依旧可以很快乐，只要你努力充实自己，培养多种兴趣，不断参加集体活动，在活动中展示自己的“闪光点”，待时机成熟，缘分来了，也许就有人悄悄地靠近你，也许你也发现了值得你轻轻地靠近的人。

对待爱情，不要陷入一个泥潭就让自己永远无法自拔，只要你愿意走出来，下一个幸福就会在不远处。事实也正是如此，经得起一次情感历练的人会是快乐的，选择忘记曾经幸福的人是幸运的，也许只有这样才能对这世间之爱大彻大悟。

4.分手只是再见，断情不绝情

分手后，无论是成为仇人还是陌生人，其实都是不理智、不成熟、没有正确对待爱情的表现。

分手确实是件令人伤心和难过的事情，但你要想开一点，做不了爱人还可以做朋友，分手不是永别，最好的方式是还可以做朋友。每个人都有追求自己幸福的权利，我们能做的只能是祝福他，并且尽量与他保持联系。

男女之间的感情，从古以来就常是剪不断、理还乱。一对恋人好的时候常好得像一个人，可是分手的时候却恨不得一下子冲过去，把对方大卸八块。还有一种流行语就是，两个人分手了就成了最熟悉的陌生人。无论是成为仇人还是陌生人，其实都是不理智、不成熟并且没有理解爱情的表现。为什么不想透看开，和他(她)好聚好散呢?

其实，感情的事因人而异，爱得深、爱得浅，只有自己最明白，旁人实无权过问，而且每人处理感情的方式也不同，有的喜欢快刀斩乱麻的明快，有的喜欢藕断丝连的凄美。这些都是方法的不同，实在谈不上什么对错。但对于分手你最好能看透想开一点，最好能灵活地采取一些技巧，能够分得理智平顺一点，减少一些不必要的后遗症。

一个男孩一直想请一个女孩看电影。她对他没意思，不想去，于是回答他:“你这么忙，怎么会有空呢?”

可是，那个男孩却认为自己“还有机会”，而不认为是“被拒绝”。在这种情况之下，如果男孩还是不断花时间去约这个女孩，等到几经尝试，终于了解自己没希望之后，说不定还会反过来责怪这个女孩让他浪费了这么多青春呢!

另一个女孩的处理方法就比较好。她跟男朋友分手了，男朋友把过去几年来同她合照的照片，按时间顺序挑出几十张，然后一天一封信、一张照片，试图挽回女孩的心。女孩很感动，打电话告诉男孩："你这样做我很感动，不过我必须向你坦白，这样是没有用的……我真的很抱歉。"女孩在电话中也哭了，但她却成功地让男孩得到了明确的讯息。

必须注意的是，你可以不接受对方的爱，但必须去分享他的感受，去了解他的苦劳、功劳、委屈、苦水。谈判桌上有一句话说："记住，要不断去同意对方，直到对方同意我们为止。"这句话的关键就在把"行为"和"感受"分开，同意他的感受，但不同意他的行为。因为要去同意他的感受，所以男女朋友分手的时候，最好别分得太快。

有的男女喜欢在分手后把话说绝了，不见面、不联系。就要分手的一方而言，能这样洒脱自然干净利落，可是就被"甩"的一方而言，从"有"到"无"，一下子跌落到失望的谷底。这样的分手可以说是一种不成熟的表现，容易给人造成很大的伤害。

为了避免出现这种情况，可以考虑用渐进式的分手法。

电话还是可以打，但次数可以减少，话题可以逐渐变得只限于日常生活而不再浓情蜜意。比如有的情侣习惯每天晚上 9 点通电话，久而久之就成了习惯。今天一方忽然叫另一方以后不必打了，他一下子怎么适应得过来？所以只能从次数和话题上改变。写信也是一样，不必把人家的信一股脑儿都退回去，只要把次数减少就可以。见面也未尝不可，但最好找一个人多，而且比较亮的地方见面。

千万记住，男女朋友在分手时因为看不开，就容易缺少理性，甚至有人会歇斯底里地捶胸顿足，或者走极端，所以，分手谈判不可能会一次了结，然后拍拍屁股走人的。它一定是灵活的渐进式的"淡出"。当然，在这时候一定要把握住分寸，别一不小心把人家的期待给升高了。所以见面的场地以及肢体语言，都必须特别留意。

分手实在是件令人伤心和难过的事情，但情分已尽，看开些，感情是勉强不来的。每个人都有追求自己幸福的权利！但值得提出来的是，分手要讲究方法，灵活处理。毕竟曾经相爱，有过美好的时光，不要一下把事情做绝，给对方一个缓和的过程比较妥当。

5. 把你的欣赏给爱人

夫妻之间，最难得的就是对彼此的欣赏和赞扬。因为欣赏里不仅包含了了解、理解和认同，还包含了一种尊重和重视。这些都是婚姻里最重要的东西。

婚姻里少不了双方的看透不看破。幸福的婚姻离不开夫妻双方的用心经营。而对于夫妻之间，最容易被双方忽略的就是对彼此的欣赏和赞扬。

想想在当初恋爱的时候，他说过多少甜蜜的话来夸奖和赞扬你，但最让你心动的也许不是“我很爱你”，也不是“你很漂亮”，而是：“我真的很欣赏你……”是的，欣赏这个词意义深刻，他不仅是表面的赞扬，还暗含了这个人对你的了解、理解和认同，这会让人有一种价值感，而不是一句空洞的“你很漂亮”，会给人的一种“你是花瓶”的暗示。

事实上，欣赏是两个人在一起最重要的东西。欣赏里不仅包含了了解、理解和认同，还包含了一种尊重和重视。但时间久了，婚姻里的人就忘记了对对方的欣赏。

如果你看透但不看破爱情和婚姻，你就应让你的妻子或丈夫了解你仍然很欣赏她(他)。这是保持家庭生活幸福，增进双方感情的有效办法。

洛杉矶家庭关系研究所主任本诺指出：“诸多男子寻求自己的伴侣时，不是在寻找高级职员，而是寻求一个对自己具有诱惑并愿意奉承他们的虚荣心，使他们感到优越的人。”假如一位女办公室主任应邀吃一次午餐，但她总是将大学时代的那些哲学思潮作为谈话的内容，直至坚持自付餐费，那最后的结果只能是，自此以后独自午餐了。

“反过来说，即便一个未进过大学的打字员，应邀吃午餐的时候，她能温情地注视着她的男伴，仰慕地说：‘再给我讲些有关你的事。’最终的结果可能是，他会告诉别人：‘她不是十分漂亮，但我从未遇见过比她更会说话的人。’”

然而，在生活中，有不少男人或女人没有看透婚姻中欣赏对伴侣及两个人感情的重要性。

有一位农家妇女，经过一天的辛苦之后，在她的男人面前放下一大堆草。当他恼怒地问她是否发疯了，她回答说：“啊，我如何才能引起你注意?我为你们男人做了20年的饭，在那么长的时间里，我从未听见一句话使我知道你们吃的不是草！”

为什么不同样体恤一下你的妻子?下回她烧鸡烧得很嫩，你就这样告诉她，使她了解你欣赏她的手艺——你不是只在吃草。

当你正要作出如此的表示时，不要怕她了解，你对她的快乐是如此的重要。狄斯瑞利这位英国伟大的政治家，正如我们所知，他就不羞于使世界都了解他对他的“小妇人沾光多少”。他对来访者埃第康德说：“我沾光于我夫人的，多于世上其他任何人。我在童年时，她是我最好的朋友，她帮助我勇往直前；在我们结婚之后，她节省每一镑钱，然后进行再投资，她为我节省了一个家当；我们有5个可爱的孩子；她一直为我营造一个美丽的家庭，假如我有成就应归功于她。”

在好莱坞，婚姻好像是一件冒险的事，甚至伦敦的劳慈保险公司也不愿打赌。在少数的愉快婚姻中，巴克斯德是一个。巴克斯德夫人以前叫勃莱逊，她放弃辉煌的舞台事业而结婚了，但她事业上的牺牲并没有使之丧失他们的快乐。“她失掉了来自舞台成功的鼓掌称赞，”巴克斯德说，“但我已尽力使她完全感觉到了我的鼓掌、称赞和欣赏。假如一个女子完全要在她丈夫那里求得快乐，她必须在他的欣赏与真诚中得到。假如那欣赏与真诚是实际的，那她的快乐也就得到了答案。”

因此，如果你要保持家庭生活的幸福快乐，保持婚姻生活的永久新鲜，就要理解爱情和婚姻的真谛，在平淡的生活中要时不时地给予对方真诚的欣赏，要多多舍得你的欣赏和称赞。

6.爱情需要恰逢时机

懂得爱情的人知道，爱情就是两个脆弱而孤独的心碰撞出来的火花，因此，爱情需要恰逢时机。

“当人心最软弱的时候，爱情容易入侵。”这句话绝对是一个看透爱情的人说的。事实上，人在感情上就是这样，男人如此，女人更是如此。不过有一点必须引起注意，在这个时候入侵的爱情往往掺有虚假的成分，由恋情而发展为婚姻，稳定系数不高，恋情每前进一步，都可能伴随着摩擦，婚姻则如同波涛汹涌的大海，要么勉强维系，要么离婚。

贾小姐大学本科毕业，貌美惊人，分在工厂当助理工程师，迷煞了不少钟情男子。情书一封又一封塞进贾姑娘的抽屉。贾小姐稍不留神，就会有“我特别喜欢你”之类的纸条留在口袋。有的小伙子是真心爱她，有的小伙子却明知癞蛤蟆吃不到天鹅肉，只是故意寻开心。贾小姐对此一概不理。因为她有男朋友，她的男朋友在英国留学，男朋友跟她是大学同班同学。他们很相爱，每天都保持着电话或网络联系。

贾小姐的落落寡合，几乎得罪了所有爱她的人。大多数人责怨自已人微言轻也就不提了，唯独陶君至死不渝，信照样写，电话照样约，他相信他们有缘，贾小姐和她的男朋友不会长久。

果不其然，贾小姐的男朋友在英国和当地的一个女人谈起了恋爱，置贾小姐于不顾，还很快结了婚，大概是不会再回国了。贾小姐痴痴地等待，却落得如此下场。接到那个冷冰冰的越洋电话后，贾小姐立即昏了过去。很多人幸灾乐祸，只有陶君默默地守在她身边。

真是祸不单行，这时贾小姐的父亲溘然去世，噩耗传来，她泣不成声。她的母亲在生她时就死在医院，这些年来，她与父亲相依为命。现在，世上最亲密的两个人同时离她而去，她的精神几乎到了崩溃的边缘。又是陶君依旧不离不弃，一副古道热肠，在她最危难的时候，给了她关怀，给了她关爱，也给了她信心。她了解陶君的心意，所以，她说："我们结婚吧，走了太多太多的路，我想有个家。"

陶君自然兴高采烈，没有过多考虑就和贾小姐结了婚。

陶君抓住时机，最终博取了心上人的芳心。

7. 用眼泪博得爱情

女人是水做的骨肉，懂得爱情三十六计的女人更会把这一优势发挥得淋漓尽致。

哭，应该是痛苦、悲哀、伤心、委屈等的感情流露。可对女性来说，不仅仅如此，看透爱情的女人知道，眼泪还可以博得如意郎君。

有这样一个女孩子，她小时候就爱哭，一哭起来，就是摘星星和月亮也不管用。但要是有人说句："别哭了，再哭，眼睛就会变小了。"她一听准会立即停止哭声，这比"大老虎来了"还要灵验。后来她才知道，哭，眼睛是不会变小的。但哭能使大人担心，而更好地关心她、照顾她。

大了，她逐渐明白，哭不需要花什么本钱就能够轻而易举地达到目的。有一篇小文章，专门阐述哭，哭不损五脏六腑，且有益身心健康。她茅塞顿开，大喜过望，以后每有难办的事，就哭。

在大学期间，她偷偷喜欢上了外语系的一个男生，好多次制造机缘，与他不期而遇，但他当没事儿一般。她写了信过去，又如石沉大海，于是，她找了个晴朗的日子，在教学楼下约见他。一看他冷冰冰的神态，她的眼泪止不住地涌出来。他慌神了，急急扳着她的肩膀说:“看你，像小孩子!”“我不是小孩子，我是爱你!”她泪眼闪烁地说。他没法，把她拥进怀，她破涕为笑。

谈上恋爱了，已经成为男朋友的他第一次到她家里做客，妈妈告诉他的头一件事便是:“我的女儿爱哭。”也许他认为这是天底下最幽默的未来丈母娘吧，但她听了，立刻就想哭，世上只有妈妈好。

恋爱难免有波折，但哭是她的原子弹。她想逛商店，他不愿作陪，她就哭;在大街上，她想往西头走，他偏想往东头走，相持之下，她鼓着好看的樱桃小口，风雨欲来，他只好两手一摊，说:“听你的吧!”

她和他，一个好哭，一个怕哭，他们过得既充实，又有趣。朋友们说他:“你女朋友是林黛玉的再生，水做的姑娘。”瞧他怎么说:“其实，我爱看她哭，那是她最纯真的时候。”话传到她的耳朵里，她欣慰地又哭了，漂泊许久的一叶小舟终于可以靠港了。

大学毕业后，她准备嫁衣，想做新娘，他说搞几年事业再说。她不肯，偎在他怀里哽咽:“你是不是不要我了?”他得意得无话可说，点点她的鼻尖，做个怪相说:“你说了算!”

她的爱情在哭中长大，在哭中成熟，在哭中开花结果。

男人是种奇怪的动物，有时候实在令人费解，他能在敌人的屠刀面前毫无惧色，在死亡的威胁即将来临之际，泰然自若。可是，女人的眼泪却能让他束手无策。

8.用宽容来拯救婚姻

婚姻需要彼此之间的宽容和谅解。

男人有外遇无外乎有两个原因，其一是为了获得情感或精神上的慰藉，这是很少一部分人的想法;其二，也是绝大多数男人的想法，是为了寻求激情，并无意于破坏和谐的家庭。所以，当丈夫有了外遇时，就需要做妻子的冷静下来，看透问题的实质，必要时宽容丈夫，原谅他一时的过错，面对失而复得的幸福他也将更加珍惜。

一个省级报纸的主编是位精明能干的女士，有一天，她要召开一个中层领导参加的工作会议。但是一翻公文包，才发现准备好的讲话提纲忘在家里，看看时间，还来得及，她决定坐车回家去取。她急匆匆回到家中，打开门，“触目惊心”的一幕让她呆立在那儿:自己的丈夫正和一个陌生的女人……

她愣然了，脑子一片空白，她简直要晕过去。站在那儿，她浑身颤抖着，绝望地看着丈夫。就在她还没有回过神来的时候，那女人仓惶而逃。她极力使自己镇定下来，什么也没说，只是找到那个昨晚上准备的提纲，忍着内心巨大的悲痛，用手扶着楼梯颤颤巍巍下了楼，她都不知道她是怎么走下去的。

中层干部会议上，她根本没有办法集中自己的精力，那个仓惶逃走的女人总在她脑海里晃动。开过会后她将办公室的门反锁上，将电话线拔掉，躺在她办公室的沙发上，痛心的泪水夺眶而出，她怎么都没有想到，她自认为与她感情甚笃的丈夫会干出这等事情。

多年来在社会中打拼，早已经练就了她成熟稳重的性格，她躺在那儿，辗转反侧，她想，丈夫与这女人肯定已不是一时半日，倘若不是今天被她遇上，一切不还是一如既往吗?她开始反思自己，是自己年纪大了，没有了姿色，在丈夫心中失去了魅力?还是自己忙忙碌碌，在生活上与丈夫配合得太少?她想到了离婚，但是女人特有的尊严感让她深深地感到那个女人不仅玷污了她的家，也玷污了她的心，她真的无法接受这一现实。而她又想到正在读初三的女儿茵茵，她简直就像公主一样，过着无忧无虑的生活，而且茵茵常常因爸爸妈妈的感情甚好而骄傲。她做梦都不会想到爸爸妈妈会离婚，爸爸妈妈的形象在她心中从来都是那么崇高、那么纯正，倘若真是因此而离婚，给女儿带来的不仅是失望和悲哀，更主要的是纯洁心灵的彻底崩溃，这对于一个青春少女，将是一个沉重的打击，说不定会带来出人意料的后果，特别是现在的孩子内心世界都是那样的脆弱。为了逃避生活的残酷，她可能会被逼疯，可能会离家出走，可能会自杀……不能，她摇着头，绝不能那样，她想透了一切，她觉得自己不能就这样把婚姻和人生看破，于是她打消了所有的念头，插上电话线，拨通了丈夫的手机。她说:“现在你心里一定是很不平静吧?你能发生这种事儿，我感到非常吃惊，但我会原谅你的。”她将“原谅”两字说得很重很重，她说:“今天是周末，晚上我们一起去接茵茵，然后我们一起去吃晚餐，你看可以吗?”

其实，丈夫在接她电话的时候，心里一直都是忐忑不安的，他不知道她会作出一种怎样的决定。听到这里，丈夫哭了，他说:“你给我一次机会吧，就当我们重新开始!”

她沉默下来，想到以前丈夫对她那些难忘的温情细节，不知如何回答丈夫的话。

那天晚上，他们一起去吃饭，像以前那样，女儿什么也没有发现。

回到家，她关上门，对丈夫说:“我知道，你一定很爱她，不然你不会领她回家。”丈夫说:“在我心里你和孩子依然是我的最爱，是任何人都无法取代的。”

她再一次沉默了，作为一个知识女性，她在内心深处反复地衡量着丈夫的过去和现在，可她无论如何都得不出否定的结论，她相信丈夫是个有良心的男人。此时，她再也无法抑制内心的伤痛，趴在丈夫怀里哭了。丈夫一边替她擦泪，一边真挚地说:“让我们重新开始，我一定会好好珍惜这个家。”

第二天，一切照常，对于女儿，什么都没有发生。

在自己的婚姻中，出现了“第三者”，这是谁都不愿意面对的。一旦出现了，应该如何对待这个问题，就可以看出聪明者和愚蠢者的不同。聪明的女人会冷静下来，让自己看清事情的本质：他是不是偶尔拈花惹草，而骨子里依然不忘这个家？倘是如此，她就不会把婚姻、把爱情、把人生看破，她会宽容，她会大度，以宽容来拯救婚姻，使其重现美满。而愚蠢的人会大嚷大叫、大哭大闹，最后丢了名声也失去爱情，弄得一枪两眼。所以，面对丈夫的外遇你千万要谨慎，看透问题的本质，然后再作出决定。

9.爱情也要讲求方法

爱情也要灵活，也要讲求方法，适度让他（她）自由，他（她）会更留恋你的怀抱！

爱人有时候就像怀里的“兔子”，你揣得越紧，他（她）就越要挣脱。把爱情看透了你就会明白，爱情也要灵活，也要讲求方法，适度让他（她）自由，他（她）会更留恋你的怀抱！

“大丈夫何患无妻！”此话让某些女士听到，也许会引来大声质问：“这不是典型的大男子主义么！”且慢！其中道理，还要待你去看透。

漂亮姑娘天生就具有一笔了不起的财富，但是，漂亮姑娘的心有时又是秋天的云，说变就变，不以人的意志为转移，让人捉摸不透。为此，看不透爱情的人为了漂亮的女友伤透脑筋，生怕得而复失。

她，18岁，天生丽质，颀长的身材，有着和电影明星差不多的脸蛋。在众多的追求者中，他幸运地得到了她。因为她生性活泼，身后仍有一批死心塌地的追求者，有的还爱得寻死觅活。追求者们邀请她看电影，她并不全部推辞。追求者们递过来的香槟、咖啡，她照喝不误。他多次提醒她，她只是含笑不语。没有得到她的时候，他拼命追求她，现在得到了她，又担心她移情别恋，择优录取。

此种情况，身为男友的他该怎么做才是万全之策呢?

答曰:以不变应万变。

第一，不要害怕她离开，倘若总是担心，背上沉重的思想包袱，那么在她面前就会缩手缩脚，言行拘谨，举止失措，显得猥琐笨拙，损害自己在她心目中的形象。如果大度坦然，有君子之风，就会增加自己在她心目中的魅力。这个世界上没有谁比自己更适合她，自信是强者的灵魂，有自信心才算真正的男子汉。

第二，尊重她的权利和自由。她偶尔与其他小伙子看电影或是上咖啡屋，并不能说明她会见异思迁。虽然她向你表示了爱心，但不可能处处和你保持一致，她有自己的独立人格，有自己的生活和社交圈子。如果你对她横加干涉，只会不断在恋人间制造离心力。反之，会使人觉得你豁达大度，通情达理，对方的心将同你贴得更紧。

第三，建立了爱情关系，不能说爱情已经进了保险箱，尽管她已经有了选择，但对做男朋友的人来说，对爱的追求远远没有结束，还须付出努力和心血，更进一步提高自己，修炼自己，使自己才华出众;另外就是要不厌其烦地表达爱心，关心她的生活，每次见面都在恰当的场合说“我爱你”，这话不知被多少人说过，但无论怎样重复，都不会使听者心烦的。

如果凡此种种的努力都归于无望，那就算了。看开一些，命里有时终须有，命里无时莫强求。她不是你的意中人，那就不要强求了，让彼此都轻松和快乐，重新开始过各自新的生活。如果你能够看透这一点，那么心情会畅快得多。

第二章

利益是浮云

——难得糊涂成就“洗具”人生

“洗具”一词，是“喜剧”的谐音。人生中充满了利益的得与失，得到了我们开心，失去了我们痛心，得失间，我们饱受着患得患失的折磨。值得吗?当你看透人生当中的“利”的时候，你就知道，利益得失不过是人生中的平常事，面对利益得失我们最好不要强求，要看透不看破，有一颗平常心，最好做一个睁一只眼闭一只眼的“糊涂人”。我们自己就是人生戏剧的导演兼主角，完全有能力掌控自己这出戏的大结局。

1.难得糊涂也是幸福的人生

难得糊涂是一种非常高的境界。难得糊涂，贵在糊涂，乐在糊涂。人不会装糊涂，就不懂得如何生活。

糊涂可以说是一种“花看半开，酒饮微醉”的感觉，是一种非常美妙的人生境界，这样的人生是真实与虚幻，感性与理性的结合体。之所以微妙，是因为它既有朦胧之美，又有清晰之美。这是一个人把握人生的分寸和火候，有时候即使你看透了全部也要闭起一只眼睛，不可说，不可道。正所谓朦胧也是一种美，不捅破、装糊涂也是做人的智慧。

人生难得糊涂，贵在糊涂，乐在糊涂。完美生活，是离不开聪明和智慧的，但聪明与智慧有时却是要通过“糊涂”来体现。俗话说:“水至清则无鱼，人至察则无徒。”说的就是要把目标放在大事上，对那些小事不能太过于“认真”，要看透，不要捅破，留一半清醒，留一半醉，最好能做到糊涂做事，精明做人，这样才能在亲友间、邻里间、同事间如鱼得水，生活也变得轻松而愉快。

的确，人生中有许多事不能太认真，尤其是个人的名利，该糊涂时糊涂，该聪明时聪明。有时太认真，反而害了自己，伤了别人。施点小糊涂，为了长远的人生，受点委屈，也不失为一件乐事。正像鲁迅先生在批文里说:“糊涂主义、唯无是非观等等——本来是中国的高尚道德。你说他是解脱、达观罢，也未必。他其实在固执着、坚持着什么……”又有人说:“所谓‘难得糊涂’实际上是最清醒不过了。正因为看得太明白、太清楚、太透彻，出于某种原因，不得不装起糊涂来……”

是啊，聪明难，糊涂难，由聪明转入糊涂更难，这糊涂是一种看透不看破的人生境界。每个人都想做一个精明的人，都不愿被人称为老糊涂。但是在这里，糊涂是一种智慧，聪明的糊涂是有学问的。

有句俗语“吕端大事不糊涂”，说的正是小事装糊涂，不耍小聪明，而在关键时刻，才表现出大智大谋，于是这糊涂也是聪明的表现。那些能把糊涂的智慧玩得很高明的人，外人是看不出真假的，就像有的人说的那样：“一个人小聪明大糊涂是真糊涂假智慧，而大聪明小糊涂乃假糊涂真智慧也。”

古时候，一个老人领着小孙子去吃饭，进了一个由没念多少书的人开的小饭馆。一进门，老板就拿着一个字问他们念什么，老人连连摇头说不认识。小孙子很奇怪，因为那是个很好认的字，就顺口说了那个字念“真”。老板突然变得很生气，大骂他是个无知的小孩，什么都不懂就在那里乱说，还把他们赶了出去。

看来孩子太小，还不知道生活中很多事情是不能太认“真”的。做人就要像老人那样看透但不看破。而现实生活中，很多人都是遇到一点小事，就要剑拔弩张，不给一种说法就不罢休。结果是大家都不好收场，彼此成为仇人。

本来两个人家相处得很好，一次街道办检查卫生发现两家中间的走廊里有一小包垃圾，两家都死不认账，后来争吵到了白热化的程度，不仅两家都被罚了款，多年的邻里关系也因此破裂了。

不过是一包垃圾，扔垃圾的不承认，我们说他没有公德心，如果没扔垃圾的装点小糊涂承认了，这事也就解决了，没准这还会让对方不好意思，从而两家的关系更好。看来生活中无关紧要的小事最好能睁一只眼闭一只眼，心里看透就好了。

纵看那些事事认真，不懂得拐弯抹角，不懂得假装糊涂的人，经常会把一些事越办越糟。一个人每天不知道要遇到多少或大或小的事情，生活中的矛盾是在所难免的。如果一个人总是为一些小事而过分计较，在乎太多的细节问题，不仅会自寻烦恼，还会让他人厌烦。

所以，糊涂的聪明人把大智若愚作为处理小事情的妙法。作为一个领导者如果能做到“难得糊涂”，那么这位领导就会心胸开阔，不计较个人的得与失，为人慷慨大方，遇到人际纷争时，能使大矛盾化为小矛盾，使小矛盾化为无矛盾，就可以时时处处有好人缘，还会给人一种可敬可亲可爱的感觉，能赢得下属的好感和信任，从而更有利于自己的工作。

生活中，对于一些原则性的问题，要保持头脑清醒，毫不含糊，对于其他的，心里明白就好了，该糊涂就糊涂，人生难得糊涂，能够做到糊涂，也是一种大聪明。糊涂并非自我欺骗，或自我麻醉，而是把事情看透彻后有意的装傻。该糊涂的时候，就不要顾忌自己的面子、自己的学识、自己的地位、自己的权势，一定要糊涂；而该聪明、清醒的时候，则一定要聪明。由聪明而转糊涂，由糊涂而转聪明，则必左右逢源，不为烦恼所扰，不为人事所累，这样，你定会有一个幸福、快乐、成功的人生。

就像阿雷蒂诺说的：“人不会装糊涂，就不懂得如何生活……”是的，会生活的人都会在合适的时候放下自己的“精明”，装装傻，充充愣，做一个“难得糊涂的愚人”。

2. 舍掉小利，成就大事

随着生活阅历的增加你就会明白，很多时候舍不得局部的或眼前的一些小利益，很可能就会使自己损失整体利益。要想成功就要学会放弃，只有放弃眼前的小利益，才能获得长远的大利益。

韩非子曾说：“毋见小利。见小利，则大事不成。”有时为了顾全大局，保护更大的利益，需要学会暂时舍弃相对较小的利益。放弃是为了大踏步地前进，放弃是真正的勇气，也是看透人生后的智慧。

人的一生会遇到很多十字路口，当你茫然四顾，不知向何处走的时候，一定要理智地停下来，把前方的岔路口看清，把选择所带来的利益得失看透彻。当生活让我们必须付出惨痛的代价以前，主动放弃眼前利益而保全长远利益是最明智的选择。正所谓“两弊相衡取其轻，两利相权取其重”。要想有所作为，就不能贪图一时一事的小利。假使要是只为贪图那么一点蝇头小利而不注意其中所带来的大害，是再傻不过的了。

无论是上学、经商，不管是为工、为农、为士，只要是有长远眼光的人，就不会去计较眼前的一点小利，而失去更大的利益。很多时候，舍不得局部的或眼前的一些小利益，很可能就会使自己损失整体利益。相信即使面前有一张百元大钞，比尔·盖茨也不会弯腰捡起，因为在捡起这张钞票的这些时间他将损失上百万美元。或许这种说法有点夸张，但比尔·盖茨是个绝顶聪明的生意人，他明白，放弃来之不易的学业能够使他拥有开创一个时代的机会，放弃面前的100美元能给他带来更为丰厚的收益。有一些事情，表面上看来是获得、是胜利，但是从整体、长远看来却是损失，真正聪明的人不会被此迷惑。

一个青年非常羡慕一位富翁取得的成就，于是跑到富翁那里询问他成功的诀窍。富翁弄清楚了青年的来意后，什么也没有说，而是转身从厨房拿来了一个大西瓜。只见富翁把西瓜切成了大小不等的三块，之后把西瓜放在青年的面前：“如果每块西瓜代表一定的利益，你会如何选择呢？”“当然选择最大的那块！”青年毫不犹豫地回答。富翁笑了笑说：“那好，请用吧！”于是富翁把最大的那块西瓜递给了青年，自己却吃起了最小的那块。当青年还在津津有味地享用最大的那一块西瓜的时候，富翁已经吃完了最小的那一块。接着，富翁很得意地拿起了剩下的一块，还故意在青年眼前晃了晃，然后又大口吃了起来。

其实，那块最小的和最后那一块加起来要比最大的那一块分量大得多。青年马上就明白了富翁的意思：富翁开始吃的那块西瓜虽然没有自己吃的那块大，可是最后却比自己吃得多。如果每块代表一定程度的利益，那么富翁赢得的利益自然要比自己的多。

吃完西瓜，富翁讲述了自己的成功经历，最后对青年语重心长地说：“要想成功就要学会放弃，只有放弃眼前的小利益，才能获得长远的大利益，这就是我的成功之道。”

凡是有所成就的人士，都是不会被眼前蝇头小利所迷惑的人，他们能够忍耐住自己急于成功的心理。深刻理解事物的发展是一个循序渐进的过程，成就的积累也是由少到多，一步一步地来的，不可能一蹴而就。

在国际名人中，有许多因为舍掉自己的小利益，显示出了超乎寻常的好品质，而意外得到发展机遇的事例。比如世界上第一位进入太空的苏联宇航员加加林，他之所以能够从20多名宇航员中脱颖而出，就是因为20多个宇航员中只有他一个脱下鞋子只穿着袜子进入座舱里。这个细小的举动，虽然给自己增添了麻烦，却让人觉得他既懂规矩，又如此珍爱他人的劳动成果。因此，他成为遨游太空的第一人。

一个那么小的舍弃，成就了一件那么大的辉煌，这是人人都渴望拥有的完美境界。但要知道，舍小利也是一种修为，也是一种看透但不看破人生的真知灼见，不是谁都可以舍弃一点点利益就能收获一大笔"财富"。

在涉及个人利益的小事情上就没有必要分得太清楚，不妨装一下糊涂，做一点小牺牲，干一点分外事，这一点在职场是很重要的。很多人在工作中只想着干好自己的职责和任务，属于"两耳不闻窗外事"的主儿，从不关心这一领域的其他环节。当老板让他做点职责以外其他部门分工的事，他就会不停地抱怨，认为那简直就是浪费自己的时间帮别人干活，又没有利益可拿。可事实上，那些很快在众人里脱颖而出，升职为管理级别的人，都是平时放弃了自己的小利益"随叫随到"的人。他们最大范围地涉猎同领域的所有环节，能够对整个行业有个通盘的认识，又在平时与不同部门打交道的过程中，培养和锻炼了自己交际和管理的能力。

无数事实表明，一个人只有真正明白放下和舍弃的意义，能够做到深谋远虑、从整体上分析和进行判断，顾全大局，舍小取大，才能作出正确的选择和决策。如果不能看透这一点，就很容易为小利所蒙蔽，就容易招致灾祸。有时，为了顾全大局，保护更大的利益，需要学会暂时舍弃相对较小的利益。看透了人生的利益得失，有时候就需要你放弃，放弃是为了大踏步地前进，放弃是真正的勇气，也是真正的智慧。

3.得失间，你需要一颗平常心

得失是人生中的平常事，生活中，我们就需要一颗平常心。得之，不要大喜，不可贪得无厌；失之，切勿大悲，不可失去精神。不以物喜，不以己悲，得失坦然。

得失是一对亦此亦彼的矛盾。得也许是失去的开始，失也许是得到的征兆。得失就这样交替出现于我们的生活中，发生在我们人生的每个阶段。有得必有失，有失必有得。在寻找的同时，就必须要付出代价。

如果你懂得了利益得失是人生寻常事，那么，在利益得失之间，我们就无需不停地徘徊和彷徨失措，更不必苦苦地挣扎和痛苦，我们应该用一种平常心来看待生活中的得与失。要像苏东坡在《与程秀才书》中讲到的那样："我将自己整个人都交付给了老天爷，听其运转，顺流而行，遇到低洼就停止，这样不管是行，还是止，都没有什么不好的了。"

苏东坡主张人应当顺天意，进退不强求。这就像大自然有阴晴，月亮有圆缺，季节有冬夏，天气有冷暖。而大地正因为奉献了泥土和水分，才有草木葱葱；正因为水的无私，才有鲤鱼跳龙门的欣欣向荣；正因为风儿的舍得，才有了在河畔轻轻舞蹈的金柳新娘；人失去了青春岁月，才能走进成熟……得与失牵动着每一个人的心，要想让自己永葆年轻，活力永驻，就要保持一种得失坦然的心态，而这正是一种对人生的高层次的领悟，远离是与非的羁绊，多一份纯真，少一份计较，从而使自己的人生更加鲜活精彩。

毕竟万事如意只是人们的美好愿望，人生难得一帆风顺，谁都难免要遇上厄运和不幸。人类科学史上的巨人爱因斯坦，在报考瑞士联邦工艺学校时，竟因三科不及格落榜，被人耻笑为“低能儿”。小泽征尔这位被誉为“东方卡拉扬”的日本著名指挥家，在初出茅庐的一次指挥演出中，曾被中途“轰”下场来，紧接着又被解聘。为什么厄运没有摧垮他们?因为在他们眼里始终把荣辱看作是人生的轨迹，是人生的一种磨炼，假如他们对当时的厄运和耻笑不能泰然处之，也许就没有日后绚丽多彩的人生。

世上有许多事情的确是难以预料的，成功伴着失败，失败伴着成功，人本来就是失败与成功的统一体。人的一生，有如簇簇繁花，既有火红耀眼之时，也有暗淡萧条之日，面对成功或荣誉，要像爱因斯坦、小泽征尔那样，不要忧悲，也不要自暴自弃，而是要把厄运羞辱看远些，看开些。这样就不会像《儒林外史》里的范进，他一心想金榜题名，为此他饱受各种冷眼，连岳父也看不起他。可后来他终于中了举人，却由于狂喜过度，一口痰上不来，倒地而昏，变成了疯子。

生活中也有很多这样的情况。有的人本来家庭其乐融融，就因为中了彩票而变得妻离子散;有的人本来和爱人相敬如宾，自从他升了官以后就出现了婚姻危机……这就是因为他们把利益的得失看得过重，在对待得失的时候没有一颗平常心所致。

人，既要有战胜失利的勇气，也要能经受住得利的惊喜。失利了不要一蹶不振，只要奋斗了，拼搏了，就可以问心无愧。得利了要戒骄戒躁，这次成功可不会代表你以后也会成功。得而不喜，失而不忧，才能在人生的旅途中把握自我，超越自己。

当然追求成功也就是一种追求得到的心理，谁都不想失去，谁都想得到。但是想得到而没有得到是正常的，没有想得到而得到了你也不必太惊诧，人生本来就是一个充满戏剧性的过程。在利益得失之间，患得患失的滋味最让人生不如死，也最令人回味无穷。在充满得失的世上，人类生而获得，却无处不失落。世上万物，从来就不会有绝对的利益，也不会有绝对的害处，得与失也是一样的道理。

你应该明白这个道理:利益得失确实是无常，我们虽然不能过分追逐和在意，但也不能放弃，最重要的是你要寻求你内心的平衡。在遇到得失时，心里要清楚什么对自己来说是最重要的，然后主动放弃那些可有可无、不触及生命意义的东西，求得生命中最有价值、最必需、最纯粹的东西。当得者得之，当失者失之，坦然面对得失，得之，不要大喜，不可贪得无厌；失之，切勿大悲，不可失去精神。得与失，不要看得太重，一切付之于笑谈中。

想要有一颗平常心，就要时常提醒自己，无论得到了什么，得到之后都有可能会失去，让自己在得到时懂得加倍珍惜，失去的时候也不至于无所适从。我们所应做的就是在“得到”时珍惜它。

如果你参透了得和失这一辩证关系，你悟到了得失亦是无常，你能用赏识的眼光对待得与失，用良好的心态对待得与失，用长远的眼光对待得与失，当你想明白了，想透彻了，你的心会感觉非常透亮，非常轻松，非常快乐！

4.患得患失，得不偿失

利益得失是常事，但不可患得患失。患得患失是一种没有摆正利益得失位置的消极处世心理，这种人往往终日在得与失的罗网里钻来钻去，无法得到内心真正的超脱自在，更无法体悟到人生真正的快乐滋味。

人生中充满了得与失。面对得失利弊的选择，只要我们活着就无法逃避，这是人生的必修课。弃之可惜、得之无谓、得之怕失、失之盼得……很多词汇都表达了人们在面对得失时候的犹豫、彷徨、恐惧、痛心、无奈等极为复杂的情绪，也可以说在这些人从前、即将要，或正在面对得失的时候，都是这样心怀着复杂的心态和情绪过日子的，没有一天可以过得舒心和怡然自得。究其根源就是，这些人没有看明白得失，正在受着患得患失之害。

患得患失，患是担忧的意思，用来形容人不安的心态。在《论语·阳货》中有这样一段话，深入浅出地表达了患得患失之害。“其未得之也，患得之；既得之，患失之。苟患失之，无所不至矣。”当人们没有得到的时候，拼命地想去追求；一旦得到了，又时时刻刻担心害怕失去。如果总是这样为得失焦虑的话，你将什么也做不成。可见，没有看透得失而患得患失的害处之大。

生活中总会有这样一些人，他们追求着自己想要的东西，比如金钱。为了获得更多的金钱，满足自己更多的欲望，他们绞尽脑汁，用尽各种办法，甚至是不顾道德法规，不择手段。在得到之后，他们的心满意足很快又烟消云散了，因为他们开始忧虑该如何保护这些钱，如何为自己从前实施的手段而找借口以便来保全自己。听到狗叫他们警惕了，听到人们的窃窃私语他们开始胡思乱想了，听到警笛他们害怕了，但最后还是免不了牢狱之灾。就这样，从开始到最后，他们几乎没过上一天快乐安宁的日子。

欲望渐多迷人眼，让人们看不清前方的利益得失，更别提去看透。

有一句话说得好：“人生常会有得有失，但不可患得患失。”是的，利益得失是每个人都不可避免要面对的问题，得到总是伴随着失去，人不可能实现两全其美，要想得到总是要付出的。而人们烦恼的根源就在于他们时刻计较着得到所要付出的成本，如果你不能以淡然的心态去面对得到和失去，你很可能会得不偿失。

人活着想获得轻松快乐的一大禁忌便是患得患失。在芸芸众生中，既有超然物外者，也有患得患失者。患得患失是一种没有摆正利益得失的位置的消极的处世心理，这种人往往终日在得与失的罗网里钻来钻去，无法得到内心真正的超脱自在，更无法体悟到人生真正的快乐滋味。这就是人们常说的，“患得患失常戚戚，超然物外天地宽”。繁忙紧张的生活容易使人心境失衡，如果患得患失，不能以宁静的心灵面对无穷无尽的诱惑，就会感到心力交瘁或迷惘躁动。唯有宁静的心灵，才不眼热权势显赫，不嫉妒金银成堆，不乞求声势鹊起，不羡慕美宅华第。因为所有的眼热、嫉妒、乞求和羡慕都是一相情愿，只能加重生命的负荷。这才是一种健康而积极的人生态度，奉行这种人生态度的人，往往容易体会到心灵的自由和满足，能够过着悠然洒脱的生活，充分享受人生的尊严和快乐。“人遗弓，人得之”，应该就是这种人的心态了。

有一天，楚王外出游玩，不小心丢了他的弓，于是他手下的人要去找。楚王说：

“不必了，弓掉了，总会有人捡到，不管是谁，反正都是楚国人得到，又何必再去找?”楚王真是一个“心宽”的人。生活中又有几个人能做到呢?更别说能做到孔子说的，弓丢了，只要是别人拾到了都是好事，不管是朋友还是敌人。

因为没有把利益得失看透彻，计较太多，因此容易陷入患得患失的圈套里。一个人想开一个饭店，他想开又怕生意会不好，不开又觉得自己不能这样一辈子没有一点儿作为。他开始变得犹豫不决、患得患失了，因为他以前白手起家，也就无所谓得与失，现在他有了一些基础，当然会害怕失去这个失去那个，在害怕的同时，又期望什么都能得到。到最后却落个得不偿失的结局，叫人如何不痛苦呢?

综观人间世事，有得必有失，有失必有得，这是常理。可有些人总看不透彻这层理儿，只要涉及个人利害得失之事，总少不了要去争，要去斗，要从争斗中得到更多。殊不知，这种患得患失的心态，会给人带来莫名其妙的烦恼，难以言状的痛苦，排解不掉的忧愁。正如哲学家叔本华说的一句话，患得患失是在痛苦与无聊，欲望与失望之间摇晃的钟摆，永远没有真正满足，真正幸福的一天。

人生之旅犹如漫漫长路，曲曲折折，幸运和挫折似一对孪生姐妹，时常会在不经意间叩响我们的门铃。只要我们在幸运面前常怀忧患意识，在失意之中寻找解脱之法，得之淡然，失之坦然，就不会欣喜若狂或失意徘徊。我们必须摆正得与失的关系和位置，要知道世间万物本来就来去无常，得到的时候要懂得珍惜，失去的时候也不必无所适从。会生活的人失去的多，但得到的更多，如果始终在患得患失的旋涡里打转，最后只能白白耗费自己的人生。

5.肯吃亏的人不是愚人

我们常说:吃亏是福。一个人能够参透这个道理，就会不怕甚至敢于吃亏，这种敢吃眼前亏能显示出深层次的魅力，还能为自己赢得更多人的尊重和敬仰。

庄子云:“人生天地之间，若白驹之过隙，忽然而已。”把“吃亏是福”这个道理看明白的人，懂得吃亏，舍得吃亏，敢于吃亏，因为他们明白，把心思白白地浪费在耿耿于怀、勾心斗角、恩怨是非中是不值的。吃亏，不仅不是愚笨，而是像郑板桥说的那样是一种福气，蕴藏着做人处世的大道理。

人这一生，谁也不能保证自己会一帆风顺，我们每时每刻都会遇到不如意的事情，正所谓“三十年河东，三十年河西”。自古以来就有不少肯吃亏而成就大事业的看透不看破之人。汉代开国名将韩信，年少时乡里恶少要他从胯下爬过，不爬就要揍他，韩信二话不说，爬了。市井里都流传他是孬种，是个傻瓜，可以说是吃亏到了极点，然而正是这极点之“亏”，使他忍辱负重，终成大业。试想，如果当时的韩信宁死不屈，不肯当个人人都骂的“愚人”，恐怕一顿拳打脚踢，韩信不死也只会剩半条命，哪来日后的统领雄兵，叱咤风云?吃点亏并非是懦弱的表现，更不是贪生怕死，有时候恰巧是聪明人的表现。

某社区有个叫张英丽的大姐，已经失业在家两年了，她闺女今年上高三，马上要考大学，急需用钱，可她连买房子的钱都没还清。

现在，家里就靠她老公每月1000多元钱过日子。过这样的日子，她还去给人家捐造血干细胞，连受捐人是谁都不会知道。为了捐造血干细胞，不知道费了家人多少工夫，她又是打针又是吃药。为了捐献成功，她还专门跑到健身房锻炼身体，这么折腾人，她却一点回报都不要。

邻里都说："你看看老张，真是大智若愚，虽然没有物质回报，可人家把身体锻炼起来了，吃亏是福啊！"

那些经常让步和吃亏的人总被人认为有点傻，但谁又清楚让一步、亏一点其实是一种大智慧？显然人们都是不愿意自己吃亏的，所以才有了那些为了点儿鸡毛蒜皮的事争来抢去的人，有了那些为了私利出卖朋友的人，有了鼠肚鸡肠、算计来算计去的人。而这样的人无非都是没看透利的人，他们心胸狭窄，容不得一丁点儿的损失，只考虑眼前利益而从来不考虑以后。真正的智者，已经把远近的利益都想透彻、看明白了，而不是只执著于眼前的祸福吉凶。人之初，性本善，将心比心，人心都是肉长的，吃一点儿小亏，你不会变成愚人，相反，很可能在未来的日子里会给你带来更大的回报。

这一原则用在生意场上也是行得通的。因为人都有趋利的本性，你吃点儿亏，让别人得利，就能最大限度地调动别人的积极性，这样才能赢得更多的合作者。没有人喜欢占便宜的人，因为他们总是盯着他看到的利益，总想占为己有，从来不为别人考虑，与之相处的人就会对其很反感，久之就不会再与他相处合作。

老人们经常说："吃亏永长在，沾光死得快。"这其实只是告诉人们，平时爱占小便宜，虽说当时得益，但到最后必定是空欢喜。因为世界上没有白占的便宜，爱占便宜者迟早要付出代价。一个人，每占一分小便宜，就会丢掉一分人格，一分尊严，不被人们所看好。而一个看透不看破人生，懂得吃亏、敢于吃亏的人，不仅不会因吃眼前亏而丧失自己的人格，反而更显示出深层次的魅力，能为自己赢得更多人的尊重和敬仰。

乐于吃亏是一种境界，是一种自信和大度，是一种人格上的魅力升华。任何一个有作为的人，都是在不断吃亏中成熟和成长起来的，他们不仅没有变傻，还越变越聪明，越变越睿智。

6.晴天留人情，雨天好借伞

礼仪是走遍天下的金拐杖，“礼”可以帮你更好地处理人际关系；“礼”可以为你的生活结一张四通八达的网络；最重要的是，“礼”为你铺好了通往成功人生的大道。

俗话说得好：“晴天留人情，雨天好借伞”。谁都想有个好人缘，想在自己困难之际有人帮助自己。在亲戚、邻里、同事间，谁都想在人际交往中显山露水，展现风采！其实想拥有这些并不难，只要懂得审时度势，懂得日常生活中细小的礼，就能做到八面玲珑，左右逢源。

古时候，荀子把“礼”作为最高的道德原则。他说：“人无礼则不生，事无礼则不成，国家无礼则不宁。”在现代社会这一原则仍然是人际交往的润滑剂。

孔夫子说 “不学礼，无以立”。没有礼貌，没有礼物，很难在社会上立足。可能常常不经意的一句话、一个动作就失了礼，无形当中给自己增加很多的阻力。同样的道理，有“礼”的人走到哪都能让人家欢喜，增进他自己人生的助力。

而说到礼仪人情，日常生活随处都是例子，送礼、帮忙、借钱、救急托事……生活在社会这个大家庭，没有一个人可以孤立地生活一辈子，不是你施予别人人情，就是你受施别人人情。

有一个朋友说，那天他有一个很重要的客户，他必须在10分钟内赶到饭店。但在海关检查时会花费很长时间，所以，他很担心自己会误点。海关人员每天要检查的人数有多少？诸位朋友你想想看，可能有几千人。几千个人，他们都要做同一个动作，请问你做得到吗？你的耐性有可能维持几千个人吗？所以我们说“人同此心，心同此理”，这些海关人员每天干这个事，其实也很疲累。所以这位朋友到海关检查的时候，证件放上去就给这个海关人员深深地一鞠躬说:“你好。”这个躬一鞠下去，这个海关人员很快露出灿烂的笑容说:“好，赶快过去。”你看，有礼貌很吃香的。这个朋友也非常开心，他说孔夫子讲的是事实。

的确如此，有“礼”的人绝对不吃亏，而且会得到很多的益处。就像这个朋友，正是由于这个小小的“礼”，他的洽谈会开得非常成功。因此，要想有大的成功，获取大的利益，就要从小“礼”做起。

我们都知道，韩信在落魄时曾受过乡里恶霸的胯下之辱，在他当了楚王衣锦还乡后，完全可以杀死羞辱他的人来报当年的仇，可韩信不仅没有杀死那个市井无赖，还封他做了楚国的一个小官。这使那个人大感意外，对韩信深为敬佩。韩信正是懂得以人情收人心，把人情做足、做满，使自己的敌手成为心腹，即使为他赴汤蹈火也会在所不辞。

韩信的人情走的让我们敬佩，连敌人的“礼”他都送，大有不计前嫌的意思，从根上笼络了人心。事实上救人于危难倒悬，不但得到了人缘、信誉及声望，也是积善积德，更是留下了人情，你日后所得之利必要超过你的付出。

可生活中有些人会说:“我可没有一片江山用来送礼……”还有一些人觉得自己铁面无私，他们坚决不送礼，有着事情爱成不成，不成是天意这样一种消极的处世方式，这样势必是不好的。其实，正所谓“千里送鹅毛，礼轻情意重”，“礼”不在其大小，送人情并不一定非得送大礼，也许没有什么比在他人危难之时帮助他人这一善举更简单，但更显沉重、更具人情的了。“救急不救穷”就是这个道理。

俗语说，冰冻三尺，非一日之寒，要交一个人，也得多花点工夫。对待上司或是同事都要以心换心，把礼貌、礼数、礼仪做到位了，对方才能真心对你，才可能在工作上给你最大的支持和配合，从而你才能获得最大的利益。

因此，一个小礼物就能获得巨大的方便，不仅在我们中国是这样，在世界上所有的地方都是这样。礼仪是走遍天下的金拐杖，“礼”可以帮你更好地处理人际关系；“礼”可以为你的生活结一张四通八达的网络；最重要的是，“礼”为你铺好了通往成功人生的大道。

7.抛“砖”方能引“玉”

懂得了什么是真正的利益你就会明白，获利的最佳方式就是抛“砖”引“玉”。

说到抛砖引玉，在生活中似有谦虚之意。我们不难发现，身边有些人舍得抛砖，轻松收获了引玉之利。

生活中你会遇到放下西瓜而捡芝麻的情况；爱情里你会经历付出得恰到好处的“少”而获得很多幸福的情况；学习中你也会碰到只是放弃了一点儿玩的时间而提高成绩的情况……人生中的许多事情就是这样，把握好了“抛”的分寸，就会收获“引”的乐趣。

这“抛”的分寸，就如同钓鱼时要放的鱼饵的多少和抛出鱼钩的地点和时机，通常我们不会放一只青蛙在鱼钩上当作鱼饵，更不会在一个有孩子戏水的地点投放鱼钩，如果你做过这两件事，说明你该学学抛砖引玉。当然，钓鱼谁都会的，有的人一天可以钓上来五六条，而有人只能钓上来一两条，甚者一条都没有钓到。这就如同抛砖引玉，道理大家都懂，可有的人“抛玉引玉”，有的人“抛砖引砖”，还有的人“抛玉引砖”，这就是因为对利的理解不够透彻，没有把握好“抛”的艺术，让人笑掉大牙。真正聪明的人要像诸葛亮，用几只草船就能收获上万支箭，更要学伍子胥，不用鱼饵也能“钓大鱼”。毕竟，生活给予人们的不是神话，天才也只是占少数，如果你看透但没有看破就会悟到，“砖”还是要抛的，我们要学的是——如何抛得恰到好处。

布劳曼是美国的游泳运动员，在1988年的汉城奥运会上，他在200米蛙泳项目上仅获得了第四名。然而他原本是一个很有希望拿金牌的选手，但因发挥失常，而与金牌失之交臂。在回国后的一个多星期里，他的情绪一直都很低落，但接着他又回到了游泳池，继续一个男人的使命。他放下昨日失败的打击，不停地训练着、努力着，果断忘记上次的失败，最后在1992年再拿金牌。后来还在一个项目上打破世界纪录。

这就是抛弃失败这块砖，才会取得成功这块玉，正如布劳曼如果没有舍弃失败之痛，又怎么能在巴塞罗那奥运会上实现金牌梦想呢？又怎么能打破世界纪录呢？有目的地放弃已拥有的，并且平静地等待失去，是成功必备的心态之一。这也揭示出，成功要有能力尽快从失败和失望中振作起来，要把它们作为成功的阶梯。有时成功不了，放弃反而是另一种收获。成功的人懂得何时放弃，失败的人却刚好相反。所以，在适合的时候舍得抛砖，就会得到玉。

生活中我们是需要"抛砖引玉"的。这"砖"是懒惰，只要我们肯抛掉它，每天勤奋一点点，那么离我们的目标实现就不远了；这"砖"是骄傲，抛掉它我们就变谦虚和谨慎，就能获得更多的知识；这"砖"是自卑，抛掉它我们就找回自信，也就找回了自己；这"砖"是嫉妒，抛掉它我们就获得灵魂的宁静，收获生活的轻松；这"砖"是小名小利，抛掉它我们就不再斤斤计较，会有更大的好处在前方等待……很多时候我们抛弃了这些"砖"，就能收获精美的玉石。

然而人们面对利益总是习惯于得到而害怕舍弃。尽管"有得必有失"的道理人人皆知，但人们依旧认为得到了就是可喜可贺，而失去则是可惜可叹。其实，现实并不是这样的，有时候失去对我们不是很重要的东西，也许得到的就是对我们来说很重要的东西。世界上任何事情，很少有一次就做成功的，事业做得越大，遇到的挫折和失败也就越多；雄心壮志越大，遇到的障碍也就越大。如果你看透这一点就会明白，用失败引来成功，从失败起步，从头再来才不失勇者的本色。

所以，如果想要成功，就要以一颗平常心对待利益得失，就必须舍得抛弃失败，让它没有机会给你带来困扰，让它作为夺取下次胜利的诱饵！成功的人各有各的不同，但是，有一点是作为一个成功者所必备的，那就是他们能看透自己的人生，知道什么对于自己来说才是最重要的，什么是自己要舍弃的——有舍才有得！时代华纳公司董事长兼首席执行官迪克·帕森斯认为自己得到过的最佳建议是："在谈判中不要寸利必争，要给人点甜头。"只有敢于舍去眼前的小利益，才能获得长远的利益。所以我们面对小利时，要学会舍得了放得下，只有这样才能走得更远。

成功的路上注定充满坎坷，有时就要面临很多选择，如果需要你放下一些东西才会离成功更近一步时，你会作出什么选择呢?事实上，很多人都是只顾眼前利益，看不到后面的玉之厚利，于是紧紧抱着砖而不肯放下。而最后绕了一个大弯后成功还是遥不可及，甚至会因为不舍抛砖而踏上失败之路。成功需要智慧，也需要一些勇气，因为引玉真的是要作一些牺牲之后才能达到的。

8.吃小亏则不至于吃大亏

有时候吃亏并非是损失，你吃点亏，就能最大限度地调动别人的积极性，使你的事业兴旺发达。而凡事爱与人计较，一点亏都不肯吃的人，很可能到头来只有落得众叛亲离的下场。

被世人誉为“扬州八怪”之一的郑板桥，曾留下一句四字名言“吃亏是福”。细细想来，实际上又有几个人肯吃亏，又有几个人能看透吃亏是福呢?

古人云:“我不识何等为君子，但看每事肯吃亏的便是。我不识何等为小人，但看每事好便宜的便是。”古时有贤人某临终，子孙请遗训，贤人曰:“无他言，尔等只要学吃亏。”“凡事最不可想占便宜。便宜者，天下人之所共争也，我一人据之，则怨萃于我矣，我失便宜则众怨消矣，故终身失便宜，乃终身得便宜。”“受得小气，则不至于受大气。吃得小亏，则不至于吃大亏。”

随着时间的推移你会发现，越是不肯吃亏的人，越是可能吃亏，不但吃亏，而且往往还会多吃亏，吃大亏。唯有不计较吃亏的人，才会真正有福。吃亏，虽然意味着舍弃与牺牲，但也不失为一种胸怀、一种品质、一种风度。总是费尽心思去算计别人，在其热情、仗义与关切的伪装背后，更多的是肆无忌惮地对别人的进攻与伤害。只有看透这个道理的人，才会在一种平和自由的心境中感受到人生的幸福。

只要与人相处，就免不了会有长短比较。言语上爱占上风的人，总不免喜欢自我吹嘘、自我膨胀，言谈之中尽是赞己毁他之语。这样的人往往是自以为聪明，处处占便宜;但事实上，却是他自己在扯自己的后腿。等到人际关系落到一败涂地之后，他还会以为人家是嫉妒他，见不得别人好。

自以为是的人会算计:我从这里可以得到多少好处?于是，只顾着自己吃肉，却忘了好歹也要留一点汤给别人喝。这样下去，怎么能够不集天下之怨怼于其一身呢?而愿意吃亏，则是一种明哲保身的妙法，这吃亏中蕴藏着做人的一种大智慧和高境界。

古时候，有位皇帝赏赐给每个大臣一只羊。羊有大有小，有肥有瘦，在分羊时，一名负责分羊的大臣犯了难，不知怎么分才能让大家满意。正当他束手无策时，一名大臣从人群中走了出来，说:“这批羊很好分。”说完，他就牵了一只瘦羊，高高兴兴地回家了。众大臣见了，也都纷纷仿效，不加挑剔地牵了一只羊就走，摆在大臣们面前的一道难题一下子就迎刃而解了。这名大臣既得到了众大臣的尊敬，也得到了皇帝的器重。对于这名大臣来说，亏已不正是福已吗?

“吃亏是福”道出的是一种潇洒的生活态度，敢于吃亏也是一种人生的态度。做人的可贵之处是乐于退让，事实就是如此，自己主动吃点亏，往往能把棘手的事情做好，能把很难处理的问题顺利解决。任何一个有作为的人，都是在不断吃亏中成熟和成长起来的，并从而变得更加聪慧和睿智。一旦吃亏便愁肠百结、郁郁寡欢，甚至捶胸顿足、一蹶不振，受伤者只能是他自己。

因为我们所生存的这个世间叫做婆娑世界，明明白白就说清楚了，这是一个“堪忍”的世间。许多时候，我们必须要去面对很多自己不喜欢面对的人与事。甚至更为不堪的，不仅止于“不喜欢”而已，挫折、凌辱、打击也常是我们一生当中必须要修学的功课。只是当年岁日长，从生命的经验当中，我们学习到如何尽量避免，不要让难堪的处境发生的智慧，更不知不觉培育出一份胸襟，不能天下所有的好处都由我一个人来占尽。凡事没看透，爱与人计较，一点亏都不肯吃的人，很可能到头来只有落得众叛亲离的下场。

有时候吃亏并非是损失，吃亏是一种谦让的精神，一种成全他人的品德。吃亏是福，因为人都有趋利的本性，你吃点亏，让别人得利，就能最大限度地调动别人的积极性，使你的事业兴旺发达。曾经有人说过，福祸俩字半边一样，半边不一样，就是说，两个字相互牵连着。所以说，凡遇好事的时候别张狂，张狂过了头后边就有祸事；凡遇到祸事的时候也别乱套，忍着受着，哪怕咬着牙也得忍着受着，忍过了，受过了，好事跟着就来了。

相信每个人都知道岛村芳雄的“麻绳发家”之路，他创造出了商界著名的“原价销售术”。开始的时候一分不赚，甚至是赔本的“吃亏”方式最终赢得了合作厂商的信赖和支持，创业两年后，他就成为誉满日本的生意人。岛村的成功，不能不说是他巧用了敢于自己吃亏的战术，其实到最后他一点儿都没有吃亏。

在某些“聪明”人看来，“原价销售”无利可图，是一种糊涂行为；而看透利的人则目光远大，善于从长远利益考虑问题，不计较一时的赔赚恰恰是精明人所特有的赚钱风格。要想做大生意发大财就要懂得“欲取先予”的道理。

柏拉图说：“人是一种懂得计算成本的动物。”德国的“铁血宰相”俾斯麦说过：“当我放下诱饵来引诱鹿群，我就不会射杀第一个走过来的母鹿，而是等到一群鹿都围拢过来之后。”中国的古人说过：“将欲取之，必先予之。”不劳而获或者不付出只索取的事情是办不到的，即使短期取得成功，也不会长久。有时候甘于吃小亏才不至于被“大亏”所绊倒而永无翻身之日。人生在世，要懂得适时吃小亏，才可避免日后不吃大亏。

9.此时吃亏是彼时的福

让人占一点便宜，就不会容易得罪人，何况拿人手短，吃人嘴软，今天占你一点便宜，心里多少也会过意不去，只好在恰当时候回报你，这是得失之间真正的智慧！

现实生活中，我们经常听到饱经沧桑的老人，对不谙世故的儿女叨叨咕咕教育他们说："不要占人家的便宜，吃点亏不要紧。"如果属于知识型的老人，还会讲出一大堆"吃亏是福"或"祸兮福所倚，福兮祸所伏"的道理来。但无论如何，想得开看得透的人并不多，甘愿吃亏者，除了有特别的信仰之外，就必然是另有所图了。

信仰是为了追求大境界，其中含有个人心情舒畅的成分。另有所图，必然是有另一种利益可以获得。所以，在我们民族文化中，又有"吃小亏占大便宜"一说。也许，在"吃亏是福"中原本含有忍让、后退，以息事宁人的意思，但得寸进尺、变本加厉者已越来越多，息事宁人恐怕不易为了。那么，这"吃亏是福"就是对"吃小亏占大便宜"之语的文雅翻版了。

"吃亏"有两种，一种是主动地吃亏，一种是被动地吃亏。

"主动地吃亏"指的是主动去争取"吃亏"的机会，这种机会是指没有人愿意做的事、困难的事、薪酬少的事，这种事因为无便宜可占，大部分的人不是拒绝就是不情愿去做，这种吃亏是一种看透。你主动争取，老板当然对你感激有加，一份情绝对会记在心上，日后无论是升迁或是自行创业，他都有可能帮助你，这是对人际关系的一种投资。最重要的是，你什么事都尝试去做，可以磨炼你的做事能力和耐力，不但懂得的比别人多，也进步得比别人快，这是你的无形资产，绝不是用钱可以买得到的。

“被动地吃亏”是指在未被告知的情形下，突然被分派了一个你并不十分愿意做的工作，或是工作量突然增加，碰到这种情形，除非健康因素或家庭因素，否则就应接下来；如果冷眼旁观周围环境，根本没有你抗拒的余地，那就更应该愉快地接下来。也许你不太情愿，但形势比人强，也只好用“吃亏就是占便宜”来自我宽慰，要不然怎么办呢？至于有没有“便宜”可占，那是很难说的，因为那些“亏”有可能是对你的磨炼，考验你的心志和能力，是为了重用你啊！姑且不论是否“重用”你，在“吃亏”的状态下，磨炼了你的耐性，这对你日后做事绝对是有帮助的，此外，你的“吃亏”也会让人对你无话可说，不得不尊重你。从这两种情况来看，只要你能够明白吃亏的意义，吃亏其实并非是坏事，它有时也是好事。

做事可以是“吃亏就是占便宜”，做人呢？做人比做事难，但如果有一个好的心态，那么做人其实也并不难，因为人都喜欢占人便宜，你吃一点亏，让人占一点便宜，那么你就不会得罪人，人们都当你是好朋友！何况拿人手短，吃人嘴软，今天占你一点便宜，心里多少也会过意不去，只好在恰当时候回报你啦，这就是你做人看透不看破之后所占到的“便宜”！

其实“吃亏”是属于“难得糊涂”的范畴，人与人之间，智商相差不多的，如果你净占便宜了，只图获得，不想舍弃，别人还能心中无数吗？在你本来熟悉的行当里办事情，肯定要先吃一些亏的，通过吃亏而总结了经验教训，才能使自己增长才干和处世的水平，岂不就是“福”了？岂不就比那没有经验可谈的人占了“便宜”？所以，一些可以过得去的小事，就应该不去计较，装作糊涂，心里透彻就好了，在糊涂中静观其变，从中学到知识，由弱者而变成强者。

小李是一家小型图书发行公司的书装设计。他的设计功底很不错，但更可贵的是他的工作态度。那时公司正在进行一套大型图书的出版，每个人都很忙碌，但老板并没有增加人手的打算，于是设计部的人也被派到发行部、业务部帮忙，但整个设计部只有小李接受了老板的指派，其他的人都是去一两次就抗议了。

每次小李都会说：“吃亏就是占便宜嘛！”事实上谁也看不出他有什么便宜好占，因为他要帮忙包书、送书，又去业务部参与直销的工作，此外，取稿、跑印刷厂、邮寄……只要开口要求，他都乐意帮忙！

两年过后，小李自己成立了一家图书公司，做得还真不错。原来他是在“吃亏”的时候，把图书的编辑、发行、直销等工作都摸透了，他真的是占“便宜”了！现在他仍然抱着这种态度做事，对作者，他用“吃亏”来换取作者的信任；对员工，他用“吃亏”来换取他们的向心力；对印刷厂，他用“吃亏”来换取信誉。

“祸兮福之所倚”，吃亏可以累积你的经验，提高你的做事能力，同时扩张你的人际网络。此时吃亏，很可能成为彼时的收获。其实有许多时候，吃亏也是一种经营之道。

第二次世界大战后，以美、英、法为首的战胜国决定在美国纽约成立一个协调处理世界事务的联合国。一切准备就绪之后，大家蓦然发现，这个最有权威的世界性组织竟找不到自己的立足之地！

听到这一消息后，美国著名的家族财团洛克菲勒家族经商议，马上出资870万美元，在纽约买下了一块地皮，将这块地皮无条件地赠送给了这个刚刚挂牌的国际性组织——联合国。同时，洛克菲勒家族亦将毗连这块地皮的大面积地皮全部买下。

对洛克菲勒家族的这一出人意料之举，许多美国大财团都吃惊不已，870万美元，对于战后经济萎靡的美国和全世界都是一笔不小的数目呀，而洛克菲勒家族却将它拱手相赠，并且什么条件也没有。这条消息传出后，美国许多财团主和地产商都纷纷嘲笑说：“这简直是蠢人之举。”并纷纷断言：“这样经营不要10年，著名的洛克菲勒家族财团便会沦落为著名的洛克菲勒家族贫民集团。”

但出人意料的是，联合国大楼刚刚完工，毗邻它四周的地价便立刻飙升起来，相当于捐赠款数十倍、近百倍的巨额财富源源不断地涌进了洛克菲勒家族。这种结局令那些曾经讥讽和嘲笑过洛克菲勒家族的商人们目瞪口呆。

这就是做人看透不看破、肯吃亏带来的福分吧。

“吃亏是福”不是简单的阿Q精神，而是福祸相依的生活辩证法，是一种对待人生看透不看破的人生哲学。相信“吃亏是福”，可以使心胸变得宽阔，心态更加乐观、积极，而且当自己遇到困难时，也能得到更多人的真心帮助。生活中总是有一些聪明的人，能从吃亏当中学到智慧，表面上看来“吃亏是福”会给人以不思进取之嫌，但是，这些思想也是在教导人们能成为对自己和人生有透彻认识的人。“世人皆醒我独醉”，吃亏中尽显大智慧，关键要看你是否懂得人生的吃亏艺术。

10.想收获什么就要先付出什么

当你经历了很多事情，你就会知道“将欲取之，必先予之”的道理。凡你所施予别人的，最终都会回到自己身上。

给予和索取是人生不变的经典论证话题。富兰克林有一句话:“如果你想交一个朋友，就请帮他一个忙。”换句话说就是，如果你想得到一样东西，你就要付出为得到这样东西的东西。可以说这是一种交换。

交换现象出现于人类社会的早期阶段。彼此的缺乏和平等的原则是实现交换的前提，一旦破坏了这一“看不见的”原则，我们便无法得到对方的东西。通过平等的交换，我们各自得了我们所缺乏的东西，使各自的效用得到了优化。可见，交易这种手段它联系了世间的人与人之间的纷繁芜杂的社会关系。使得每个人都倾心于有利于自己和他人的交易行为。

可见，给予不是为了别的，给予是为了获得。中国自古推崇“只管耕耘不问收获”的老黄牛精神。《道德经》言:“将欲取之，必先予之。”我们想有所“取”，必先得有所“予”。看透这个道理的人就会明白，有时给予也会带来收获，而一味保留可能会落得一无所有的下场。

一棵苹果树，经过漫长的成长期后，终于在一年的春天开花结果了。第一年，它结了10个苹果，被拿走了9个，它自己只得到1个。苹果树愤愤不平，干脆自断经脉，拒绝成长。第二年，它只结了5个苹果，4个被拿走了，自己依然得到1个。“哈哈，去年我得到了10%，今年我得到了20%，翻了一番。”这棵苹果树心理平衡了。而另一棵树恰恰相反，它在第二年更加努力地吸收阳光雨露，努力生长，结出100个果子，被拿走99个，自己只得到1个，却乐在其中。第3年，它依然蓬勃生长，保持勃勃生机。在第5年它结出500个果子，成为苹果林中辉煌一景。其实，得到多少果子并不是最重要的，重要的是，自己永远在成长！不是吗？最后，第一棵苹果树死掉了，而第二棵苹果树却还在快乐地生长着，奉献着，被人们赞赏着。

当我们学着付出所追求的东西时，我们同时也在促成一支优雅生动、活力十足的舞蹈的编排，它构成了永恒的生命的旋律。所以，看透些吧，但不要看破，别再吝啬手中的种子，因为如果你能将它们播撒，就能让世界上每个角落都绽放出幸福的花朵。天上没有掉下来的馅饼，更没有免费的午餐，因为我们想得到，所以我们时刻都在渴求着什么，希望着什么。

春秋战国时候，魏国的信陵君为人忠厚、讲仁义、善于成人之美。他的门客达到3000多人，其中有一位门客叫侯生的，本是屠户出身，其才平平，其貌庸庸。侯生受到其他门客及家人的嘲弄与鄙视，而信陵君以士之礼待之，一视同仁，毫无嫌弃和厌恶之感，相反，还能尊重他的意见，成全他的要求。

公元前248年，秦国围攻赵国都城邯郸，赵王数次遣使向魏求救。魏王怕引火烧身而不敢发兵，但是在各国一片合纵抗秦的呼声之下，又不能对邻居见死不救。他只好派大将晋鄙率领10万人象征性地救援，虽大造声势，实则驻军于邺下，停滞不前。信陵君多次请求魏王催促晋鄙进兵，魏王不听。他一怒之下，带领自己的1000多门客准备与秦军决一死战。临别前信陵君找来侯生，侯生却一反常态，对信陵君赴汤蹈火无动于衷。

一怒之下，信陵君行出数里。可是越想越不对劲，于是就想回头问个明白。原来侯生使的是欲扬先抑之计，他故作冷淡，使信陵君诧异，然后再提出自己的意见。侯生指出这样行动无异于以卵击石，与其铤而走险，不如偷来兵符，操纵军队。最后在好友朱亥的帮助下，侯生终于盗得了兵符并取得了晋鄙的兵权。信陵君传令全军："父子俱在军中者，父归；兄弟俱在军中者，兄归；独子无兄弟者，回家赡养父母；有疾病者，留下治疗。"这一成人之美的命令深得人心，除去按命令留下的人外，剩下8万精兵，及千余门客，个个斗志昂扬，最后大败秦军。

我们从中可以看到信陵君的成功并非偶然的，他的仁义为人，成人之美的美德使他在遇到困难时，很多人愿意帮助他，甚至为他拼死卖命。可见，信陵君是个懂得付出就会有回报的智者。

在这个世界上，有很多少人没有看透利，犯着鼠目寸光的错误。他们看见的只是金钱，而从来没有看到财富；只看见自己的利益，看不到人与人之间的互惠互利；他们只看见眼前的蝇头小利，看不见远方取之不尽的“宝藏”。我们都曾被表面上的利益蒙蔽双眼，不能把利看透，在获得真正财富的路上迷失方向，蓦然回首时才懂得了给予的意义，其实，给予是最好的得到的方法。

11.急功无远利

没有看透急功近利的害处，往往就会因为眼前的利益而失掉更长远的利益。

在成功的路途上，人们还爱犯一个毛病，那就是急功近利。俗话说得好：“心急吃不了热豆腐。”如果没有看透这一点，往往就会因为眼前的利益而失掉更长远的利益。

一个人生活中要看透利，企业更是要这样。企业的目标管理，不是一蹴而就的，只有长期遵循才能见效，是要正规执行才能正常发挥的方案。然而，在当今社会仍然有许多企业的经营者不太考虑如何改善眼前的利益，而是过于急功近利地盲目扩张，于是广告热迅速升温。特别是近年来，一批公司正是靠“造名”而迅速取胜，一夜暴富，进而又诱使更多的企业加入到“造名”的行列，结果使中国企业界普遍存在着过度“造名”而忽视“造实”的现象，以至于最终“为名所累”，掉进了急功近利、一味“造名”的陷阱之中。

山东秦池酒厂原是临朐县一家鲜为人知的小型国有企业，白酒产量多年来一直维持在万吨左右的规模。然而，早期广告宣传上的大胆投入却使该厂尝到甜头。企业经营者的目标已经不仅仅是保持秦池的生存，而是要使秦池成为白酒行业，乃至整个中国市场的一颗明星。

为了满足市场需求，秦池酒厂用从四川购来的原酒勾兑白酒销售。虽然勾兑是白酒行业普遍采用的一种生产形式，所购原酒也经过专家严格挑选，但秦池还是因此埋下了“隐患”。1997年，当秦池人期待着“标王”效应再为他们带来滚滚财源时，他们却因与国家政策相悖而遭到新闻媒介的普遍批评。当年春季，一些新闻媒体披露了“秦池”大量勾兑白酒出售的事实，消费者很快就表示出对“秦池”的不信任，“秦池”酒销售量急剧下滑，产品出现积压。1997年，秦池的销售收入比上年减少了3亿元，实际利税下降了6000万元。以高投入再夺1997年“标王”，严重地分散了公司资金，使本该用于促进公司结构调整、加快发展的资金都消耗在广告上了。该做的没有做，不该做的却做了，从而错过了发展的大好时机。这次秦池开了一辆奔驰进入中央电视台后，最终却没有开出一辆加长的凯迪拉克，甚至连一辆普通的奥拓也没能开出来。再次夺标给秦池带来的并不是滚滚财源，而是一杯难以下咽的苦酒。1998年初以后，秦池酒厂各项经济指标大幅下滑，产品大量积压，企业出现严重亏损，生产经营陷入困境。

时至今日，社会经济的发展已经越来越快，短缺经济已成为过去，企业产品“跑马占地”的时代已经结束，“供不应求”的局面也很难出现，由于竞争的激烈，导致即使在产品广告上花费再多，也难以刺激人们正常的消费欲望。白酒行业就更是如此，早在秦池中标之前，消费者对白酒的需求已经饱和。任何企业的畸形扩张，都会带来产需的严重不平衡，带来企业效益下降，以致全行业的不景气。如今白酒在饮料酒中的比例已从10年前的60%下降到现在的不到26%。白酒行业的萎缩是必然趋势，部分酒厂转产、停产是迟早的事。在这样的大背景下，秦池酒厂却把巨额资金和主要精力都投到了注定是前景黯淡的“夕阳产业”上，由此而使经营陷入困境，这也在情理之中。

1995年，当时秦池酒厂全年实现的利税也只有3588万元，却不顾实际地拿出6600

多万元去争夺央视的广告“标王”。不可否认，这一轰动效应也确实一度给酒厂带来了丰厚的利润，但由于缺乏对白酒市场的现状与前景的分析，盲目地扩大生产规模，终使产品大量积压。在这种情况下，秦池酒厂仍过分追求广告的轰动效应，把广告的“标王”等同为市场称雄，把培育品牌的法宝全部押在广告的轰动效应上，1996年底仍冒着巨大的经营风险夺得1997年的广告“标王”。

掀起秦池竞标狂潮的决策人，秦池酒厂厂长姬长孔最后不得不承认:“广告不是唯一的竞争手段。要在风云变幻的市场上长盛不衰，归根结底要靠产品质量、售后服务、价格、营销等多种因素。广告称王不等于市场称雄，广告明星决不等同于市场明星。”

无论是个人还是企业成功者都要知道创业经营不是一场百米赛跑，而是一场永无止境的马拉松。不明白急功近利的害处，没有长远的经营计划与经营目标，企业经营就会在永无休止的竞争中迷失方向。秦池酒业的教训，再一次告谕每一位成功者:急功近利要不得!

第三章

钱财是浮云

——幸福人生“不差钱”

钱的一半是金，一半是两把高悬的利刃。这是我们的祖先在造字赋义时，就将它的真谛既明显又含蓄地告诉了世人：它是宝贵的“金”；没有看透或是看破，两把横刃的“戈”就会随时向你砍来。做金钱的主人还是做金钱的奴隶？是一辈子都在金钱的泥沼中挣扎，还是让金钱成为我们幸福快乐的源泉？全在于你是否能学会衡量金钱的价值和意义。

1.拥有金钱不等于拥有幸福

把金钱的价值看得过重而不明白其真正意义的人，只能成为金钱的奴隶，奴隶又何来幸福呢?

蓝蓝的天，蓝蓝的海，渔夫躺在温暖的沙滩上尽情地享受着日光浴。

一个商人走了过来问渔夫:“这么好的天你怎么不出海打鱼啊?”

渔夫说:“我干吗要出海打鱼啊?”

商人说:“出海打鱼可以赚很多钱啊，一段日子之后，你就有钱可以去买一艘大船，雇很多工人了，然后你就可以捞到更多的鱼，你就会有更多的财富……最终，你会变成一个大富翁。到那时，你就可以什么都不用做，可以像我一样四处去旅游了，来这海边尽情地躺在这里悠闲地晒太阳了……”

商人高兴地说着，但是渔夫打断了他的话:“我现在就很悠闲地躺在这里晒太阳了，为什么还要再等若干年呢?”

这只是个故事，但却是一个让人若有所思的故事。也许人人都想过这样一个问题:挣钱是为了什么?也许有人会毫不犹豫地脱口答出:“为了改善自己的生存条件;为了生活得更好、更幸福。”但是你有没有想过，有钱真的就能幸福吗?如果没有想明白这个问题，即使你挣再多的钱也不会拥有幸福。

美国宾夕法尼亚大学的格伦·法尔博和哈佛大学的劳拉·塔赫曾做过一项主宰人们幸福感因素的调查研究，最终他们发现，主宰人们幸福的最主要的因素并非是金钱，而是其他。

心理专家研究发现：在影响人们幸福的因素中，金钱只起到1／5的作用，在构成美好生活的成分中，它所起的作用则是1／6。心理学家的一项研究显示：中彩票大奖的人在他们交好运一年以后，会变得比以前更加不快乐。还有许多对中奖者的调查表明：突然间得到大量的金钱并不会使人幸福。当过了中大奖带来的新鲜期，他们反而会陷入不安之中，而且他们的生活也会遭到一定程度地破坏，比如与朋友之间产生隔阂，与家人吵架，对奢侈的生活不适应，等等。因此，并不是所有的富翁都生活得幸福快乐，因为快乐感和满足感取决于对金钱和财富的看法和观念，只有那些视金钱为浮云的人，金钱才会给他们带来真正的快乐。

巴尔扎克说："黄金的枷锁是最重的。" 现实生活就是这样，如果我们对金钱的价值和意义没有看透，在我们忙着淘金的同时，会逐渐忘记了那曾在"岸边"的初衷，在不断创造物质财富的同时，逐渐迷失了自我，变得机械和麻木，再也没有了清贫时的单纯和真诚，而是多了几分城府和狡诈。在财富与压力指数成正比的今天，富人追求目标的同时，也放弃了常人唾手可得的普通幸福，超过限度的金钱反而会成为烦恼的代名词。

是的，那些没有看透金钱的价值和意义的人，往往富了口袋，穷了脑袋，表面上看整天生活在灯红酒绿的环境中，貌似快乐，实则空虚。所以，对于金钱，我们的观念和态度决定了生活的质量。在获得一定的财富后，做财富的主人而不是财富的奴隶，才能找到幸福。

德国哲学家齐美尔说："金钱是一种介质、一座桥梁，而人不能栖居在桥上。" 看淡财富，让金钱成为点缀生活幸福的工具，就像那个渔夫一样，不把金钱当成自己人生的全部，才能与幸福常相伴。

2.金钱不是人生的全部

“我非但不做钱财的奴隶，而且要把钱财当作奴隶使用，而我永远都是主人。”

——洛克菲勒

犹太人是世界上最聪明、最能赚钱的民族，但他们并没有成为金钱的奴隶，反而是金钱的主人，金钱在他们手里运用自如。事实上，我们对金钱的渴望与追求是人之本性，并无不妥之处。但我们若是对金钱不能看透或干脆看破，痴迷于钱，唯利是图，用钱来衡量恩怨得失、是非成败，认为金钱是人生的全部，那就本末倒置了。中国有一句谚语:“权力和地位的手杖，敲不开幸福的大门。金子铸成的爱情箭，射不中情人的心灵。”人生中，不是所有东西都能用金钱买到的。

有的人认为人生最重要的就是金钱，而看淡金钱的人则清楚，金钱虽重要，但它绝不能代替我们的生活。除了金钱，人的一生还有许多值得去追求的事物。伟大科学家爱因斯坦在学术界担任高职，但他的薪水要求却是很低的。他曾把洛克菲勒基金会的一张价值1500美元的支票当书签用。88岁的森泰吉郎是日本森泰建设公司的董事长，拥有资产达160多亿美元，但他仍保持俭朴之风，每个星期到公司办公时，都是自带饭食。

人生中，让人感到踏实、喜悦、满足和幸福的不是金钱，而是发挥才能、创造成就、助人、健康平安、天伦之乐等，所以，金钱绝不值得我们以整个生命去追求。如果一个人把赚钱当做人生的全部，那他定是没有看透金钱的价值和意义，他充其量是一个直立着的钱袋子。

很多人说钱是万恶之源，这显然是看破了金钱后的偏激情绪，是不可取的。钱是死的，人是活的，金钱本身并无罪，贪婪才是万恶之源，看透金钱的人对金钱的贪婪之欲必须有足够的警惕。到底是你改变了金钱，还是金钱改变了你，取决于你的观念。不是谁都可以掌控金钱的，这是一种智慧，也是一门艺术。

那么，怎样做才能真正成为金钱的主人呢?首先就是要有良好的品质修养。有德才会有富，富而有德，这是人生的大境界。此外，要想掌握金钱还必须学会管理金钱。这种才能并非与生俱来的，需要我们后天学习和积累。如果你对理财一无所知，金钱迟早会和你分道扬镳。

当你成为金钱的奴隶时，你就会迷失自我；而当你让金钱成为生活的工具之时，你就会接近幸福。金钱对守财奴而言，只是一串数字而已；而对有理智的人而言，应该是随时可以打发的仆人。金钱本身是没有任何力量的，它完全因掌控者的力量大小而释放自身的力量。因此，我们没有理由责怪金钱的善变和易逝。只有掌控者看透了金钱的价值和意义，领会了金钱的真谛，成为金钱的主人，他才能做到“不以物喜，不以已悲”。因此，在青春年少的时候，金钱仅仅是身边可以流淌的东西，即使做不到“五花马，千金裘，呼儿将出换美酒”的豪爽，也应该少一些为风烛残年敛财的计划。唯有对金钱看透不看破，在面对金钱的收获和失去时，掌控者才能心静如水、豁然开朗。

金钱是最好的仆人，却是最坏的主人。金钱究竟是仆人，还是主人，就看你对待它的态度了。

3.正确的财富观

简朴的生活，丰富的思想和艰苦的努力才是真正的财富。

每个人对财富都有不同的观点和看法，也就是每个人的财富观是不同的。到底什么是财富，怎么样才算是一个富有的人？

先看这样一个故事：

一块生铁被一个铁匠碰到了，在他眼中看来，最佳的用途不过制成一块马掌而已，他为自己的眼光自鸣得意，这块粗铁块每磅不过值两三分钱，不值得花太大的精力去加工它。铁匠那强健的肌肉和三脚猫的技术已经把这块铁的价值从1美元提高到10美元了。

这时，来了一个磨刀匠，比起铁匠来说，磨刀匠受过一些更好的训练，他的雄心和眼光也比铁匠更高一些，他有比铁匠更全备的工具，于是，铁被熔化了，碳化成钢，然后被取出来，经过锻冶，被加热到高温状态，然后投入到冷水或石油中以增强韧度，最后经过细致耐心地压磨抛光。这一系列工序之后，他竟然制成了价值2000美元的刀片。一个只能做出价值10美元的粗制马掌，经过提炼加工，这块铁的价值已大大提高了。

不料，磨刀匠的工作遭到了挑战。

又一个工匠比起前两位来说，手艺更精湛，眼光更独到，他受过更好的训练，他的眼光具有显微镜般精确的眼力，他把这块生铁变成了最精致的绣花针。

可是，他的成果又遇到了挑战，又来了一个技艺更高的工匠。这个工匠的头脑更发达，手艺更精湛，更能吃苦耐劳，而且受过顶级的训练。他对马掌、刀片和绣花针不屑一顾，他竟用这块生铁制作出了精细的钟表发条。

且慢，故事还没有完，又有一个更出色的工匠出现了。他说，这块生铁还没有物尽其用，而凭借他手上出色的功夫，他可以创造更大的奇观。于是，经过他采取的许多精加工程序和细致的冶炼工序，他成功地把它的产品改变成了用肉眼不容易看清的游丝线圈。一番艰辛的劳作之后，他终于梦想成真，这块价值几美元的铁块变成了价值 100 万美元的产品，比起同样贵重的金属还要昂贵。

可是，这块生铁的价值还没有到登峰造极的地步，另外一个工匠出现了。他拿来一块钢，经他的手精雕细刻，奇迹出现了，精雕细刻之下所呈现出的东西使钟表发条和游丝线圈相形见绌，黯然失色。他手中的成果就是人们常见的牙医们用来勾出最细微牙神经的精致勾状物。如果换算成钱，1 磅黄金大约值 250 美元，而 1 磅这样的柔细的带勾钢丝还要贵重几百倍。

如果还要进一步物尽其用，还有更出色的专家型的工匠来开发它，这就是金属的价值含义。

这个故事听起来似乎神乎其神，但这并不是神话，而是脚踏实地的结果，所谓脚踏实地的精神就是包括对眼、手和鉴赏力的训练，加上一丝不苟的工作作风和坚韧不拔的刻苦精神。这说明了一个道理：一块粗糙的金属在人的智慧作用下，价值倍增。这个故事是不是发人深省呢？

人本身的质量和这块粗糙的金属相似，在不同人的眼中，经过不同的环境改造或者不同的锻造手段，自身的财富和价值也将大相径庭。

没有看透自身财富的人，初获成功很容易陷入感官的喜悦当中，忘记了成功是一根感情的藤蔓，可以蔓延到所有正在开花的精神领域，牢牢抓住每一个果实。每个初获成功的人最好问问自己：是不是自己所有的潜力都挖掘出来了？是不是每个知识殿堂都去过，是不是收集到了所有的智慧财富？

一个人最可悲的是把财富的物质价值看得过重，倾其一生把时间用在单纯地追求钱，而不是自身的发展上。如果你是一个足够聪明的人的话，就会知道该把时间一分为二，一边提高我们的审美能力，一边培养我们的赚钱才能，这非常重要。一个人不能光靠面包活着，还需要一种无形的精神食粮。单凭金钱无法衡量一个人的财富和他的价值，一个人有许多金钱，而心灵却一片贫瘠；有一片富庶的庄园，理解力却十分狭隘，那么，他的财富对他来说意味着什么？

最富有的是什么人呢？他应该是这样的人：他努力使自己的国家变得富有；从他身上人们能体会到什么是最为富有和最为自豪；他用自己的钱帮助别人；他向周围的人敞开机会之门；有了他，聋人有了耳朵，瞎子有了眼睛，瘸子有了腿；他使他所在社区里的每块土地都变得更值钱，并使得住在附近的每一个人都变得更富有。

4.君子取财有道

君子爱财，取之有道。明白这个道理的人，都懂得财富要靠自己去创造，靠自己的劳动、靠自己的知识、靠自己的智慧赚来的钱，花起来心里才舒坦，才能真正享受金钱的快乐。

在现代经济生活中，财富对每一个人都会产生一定的诱惑。正是这种诱惑，才使得人们去努力奋斗，去创造财富。而有些人在财富面前被蒙蔽了双眼，看不清更看不透金钱的价值，从而失去了正确的心态，不顾一切，发不义之财，而泯灭人性，误入歧途。

汉代有个人名叫郝子廉，从来不占任何人的便宜。他每次牵马到河边去饮水的时候，事后，都要往水里扔3个小钱，算是小费。甚至有一次他在自己亲姐姐家里吃了一顿饭，临走竟在他姐姐家的炕席底下悄悄地留下50文钱，然后才走。

人人都爱钱，但是这个郝子廉却不肯占人便宜，虽然有点过分，但却值得今人学习。

用自己的双手创造了属于自己的财富，睡得踏实，吃饭香，活得也轻松；而千方百计、不择手段追逐金钱的人，则晚上睡不着觉，提心吊胆，惶惶不可终日。

柳宗元的《鞭贾》记载了这样一件事情：有一个出售马鞭的商人，其所出售的鞭质量并不好，但装饰却颇为华丽，值四五千钱的货竟要价四五万钱。一次，一个糊涂的富家子弟花5万钱买了一根鞭子，向人炫耀。可当马不听使唤时，他挥鞭使劲抽打，鞭杆一下子断裂开来，才知道美丽的外表里面却是腐朽了的木头，根本不是鞭商所吹嘘的用南山的木料制成。去找鞭商理论，鞭商又以货物出门、概不负责为由，拒绝退赔。买主便在市上向众人大肆宣传此事，使鞭商丢尽脸面，无法再在市上立足。

这位商人自以为得意，发了不义之财，但是没有想到这笔财砸了他的饭碗。

清代乾隆年间，南昌城有一点心店主李沙赓，以货真价实赢得顾客满门，但其赚钱后，便掺假使假，对顾客也怠慢起来，生意日渐冷落。

一日，书画名家郑板桥来店进餐，李沙赓惊喜万分，恭请题写店名。

郑板桥挥毫题写“李沙赓点心店”。墨宝苍劲有力，引来了不少人观看，但还是没人进餐。原来是“心”字少写了“一点”，李沙赓再三请求补上“一点”。但是，郑板桥却说：“没有错啊，你以前生意兴隆，是因为‘心’有了这‘一点’，而现在生意冷淡，正是因为‘心’少了‘一点’。”李沙赓感悟，才知道经营人心的重要。

从此以后，李沙赓痛改前非，以真心待人，重新赢得了人心，生意又红火起来。

想赚钱，首先就要明白君子取财有道之理，要在人心上下些功夫，要堂堂正正地赚钱，不要想着欺骗顾客，坑害顾客，只要你赚钱的路子不正，你就会最终失去金钱。所以，不论是做官，还是经商，都不可发不义之财，通过正当渠道挣钱，才能创造财富，创造成功的人生。

5.不要盲目与人攀比

与人攀比除了能满足你那微不足道的虚荣心之外，就再也没有任何好处了。须知你的财富的作用并不是拿来和别人作比较的。

如今的社会，成功的富人越来越多，而攀比之风也愈演愈烈，对整个社会造成了极大的不良影响。报纸上刊登了这样一篇报道，说是几个有钱人在一起比富。一个南方的大款定了3万元一席的饭菜招待朋友，显示他有钱。一位北方的大款不服气，一下拿出30万元，对饭店的人说：就照这个数给我回敬一桌。

富人互相攀比，争的是个面子，比来比去，比得满肚子的气。这样毫无意义的比较，金钱不但不能给一个人带来快乐，反而带来了很多不必要的烦恼。

有钱最好不要去与别人攀比，俗话说天外有天，你成功，有人比你更成功，你去与人攀比，结果只能是觉得你的财富还是不够多，陷入一种没有任何意义的痛苦和挣扎里。

上海流传着这样的故事。在希尔顿饭店豪华歌厅，一位沾着“祖上荣耀”搞家电批发的阔少在两瓶马爹利下肚之后，便醉醺醺地宣布：“今晚所有人的费用我开销。”众人大悦，阔少更是趾高气扬目空一切。一位文静白皙如书生模样的青年并未理会，他算好了自己的费用，服务生不收，并重申了阔少的慷慨。书生径直走向阔少，把钱递给他。阔少老大不快，像见到外星人一样吃惊：“你别狗咬吕洞宾，不识好人心！”书生回答：“我不接受你这种居高临下的馈赠。”阔少轻蔑地一笑：“老子有钱！钱就是大哥大！”书生说：“有钱是好事，有钱也不能贬低别人，抬高自己，别人和你一样都是人！”

阔少大笑:“别酸了!老九，我扳个小指头够你吃一辈子!今晚我请定了!”书生眼里流露出一丝愠怒:“你有多少钱?”阔少笑得更疯，他喜欢与人比阔。前不久，他和一个台湾商人投掷XO酒。他红着眼一口气掷下了37瓶，硬是把商人给掷傻了。“听清楚!我有一个商行和三辆私车!”书生直逼阔少:“价值多少?”“不多!三四百万吧!哈哈……”“那好，我出500万元买下!”在对方的惊愕中，他叫过秘书:“明天去办交接，除了他这个人不要之外，全部都买下来!”事后，不知天高地厚的阔少才知道这位来自北京的书生是掌管着一个集团公司的大总裁。

在人生之中，其旅程不会是一帆风顺的，处处有坎坷、崎岖甚至是悬崖。痛苦更是无穷无尽，难道我们非要一味地求苦而将快乐置于身边而不顾吗?这是生活的根本目的吗?不，绝不是。也许有人会说:“不吃苦中苦，哪熬人上人?”那么，请问什么才算“人上人”?人与人之间可比吗?

竞争，使得我们每个人都为了眼前的利益而奔走忙碌，丝毫不敢有所懈怠，这是很正常的。于是，我们在金钱上进行攀比，希望总有一个方面要超过自己周围的人，当超过了自己周围的人，我们还想再超过其他更远的人，我们还想样样争第一，我们也不想一想，一个人以有限的精力能实现他所有的梦吗?不可能，注定了他的大多数梦是会化为肥皂泡的。这样看不透人生中的财富，进行盲目攀比，其结果只能使自己更加的痛苦，而仍一无所得。人为什么总这样独断?为什么不允许别人超过自己呢?别人也是人嘛!我们没有理由光相信自己的力量，我们没有理由不让别人超过我们，我们甚至没有理由去怀疑别人。我们应该拥有自我，去安静地生活，干自己该干的事情，做自己喜欢的工作，在自己的范围内寻找有意义的事情，去和对手竞争，一步一步向高的阶层攀登。这样，我们便能在人生的每一步成长的过程中，体验到自我实现和成长的足迹，同时也会体会到自我奋斗的快乐!

如何祛除与人攀比的毛病，最基本的就是你要看透财富的价值和意义，要知道，人生中的金钱不过是让你的生活过得舒服一些，是为了证明你生存的价值，它的多少并不能完全说明你是一个成功的人。其次，你可以按以下的方法去做:

（1）保持一种平常心态，过自己的日子。

（2）不羡慕别人的荣华富贵。

(3) 尽自己最大的努力去创造财富。

(4) 在创造的过程中，享受生活的快乐。

(5) 不管结果好坏，收获大小，只要付出了劳动，就会感受到快乐。

最后一点就是，财富的攀比固然是不好的，但并不是要我们看破人生，要在财富上“固步自封”，我们还是要有一些参考，用以证明自己在生活中的位置，有差距就要鼓励自己通过奋斗去消除与别人的鸿沟，这并不是一种攀比，这只是一种正常的对照。当你明白了这一切以后就不会再与别人盲目攀比，而是心安理得地挣自己的钱，享受自己的生活。你一定要知道，生活是你的，你的幸福也是你的，只要你与别人一比，这一切就都变为烟云，不复存在了。

6.用金钱衡量成功有失偏颇

在很多人看来，成功者大多都是有钱人，金钱上的成功就是人生的成功，从而把金钱看作是衡量成功的唯一标准。有这种观念的人对金钱和成功的理解简直太狭隘了。

大多数人都认为，拥有许多钱就可以购买到很多东西，就代表了成就，包含了成功，得到了地位;他们聚积了钱和一些物质上的东西，他们以为那就是才能、成就和成功的铁证;他们以为只要比他们周围的人赚得多，买得多，就能赢得社会和别人的尊敬;他们对建立什么都不感兴趣，除了他们银行的存款，他们不关心道德价值，只关心他们买一件东西要花多少钱。只能说这样的人根本不懂得金钱的价值和意义。

拥有大量金钱固然是成功者的一种象征，但是除此之外，还有很多其他类型的成功是与金钱毫无关系的。

古今中外，无论是哪一个时代，哪一个国家，都有着无数的为人类文明发展做出了巨大贡献却只有少量金钱甚至没有金钱的成功者。无数伟大的哲学家、科学家、艺术家和音乐家，一生中都是很穷的。凡高、贝多芬，还有其他同等地位的人，死的时候一文不名，但世界上没有人能算出这些过世的贤哲对人类所贡献的价值。

拥有金钱并不一定就拥有成功，金钱只是成功以后所带来的附属品，有些成功者往往以为自己是有钱后才得到别人的羡慕和尊敬，自己的金钱越多，成功也就越有分量。不可否认，金钱可以给人带来尊严，可以让人更有信心地生活，让人能体现自己的成功，但如果仅仅以拥有金钱的数量来衡量成功的大小，是没有看透金钱和成功的片面眼光，如果只是把金钱当成衡量成功的唯一标准，而忽略人生其他更有意义的事，那么你即使富可敌国，那也未必就是成功。

成功大师拿破仑·希尔就曾告诫过成功者，除了金钱，还有许多其他形式的富有，金钱能否代表成功绝不能一概而论。

事实上，很多成功者都是能看淡金钱的人，他们在拥有金钱之后，都非常注重体现自己的道德价值，这包括充分发展和培养自己的良心、灵魂、智慧和气质。美国大富豪保罗·盖蒂说过："我并不以拥有多少钱来衡量我的成功，我以我的工作和我的财富所造成的社会地位来衡量成功。"对于一个看透金钱和成功的人来说，最大的成功不是他拥有多少财富、得到多少欢乐和名誉，而在于他给社会做了多少有益的工作，他给老百姓带来了多少精神上的鼓舞，他为人类的发展尽了多少力。因此，在很多成功者的眼中，智慧、道德品质、热心公益事业的精神远比手中的金钱更重要。

时至今日，由于社会的丰富多彩，社会的发展所需要的人才也就越来越多种多样。整个社会各行各业都不乏优秀者和杰出人士，他们虽然都为社会作出了杰出的贡献，但他们并不一定很有钱，更谈不上拥有大量的财富，然而，我们都应该承认他们是真正的成功者。成功，是个广泛概念，有人一辈子很成功但不一定有名或利，反之，有人看不透金钱和成功的关系，一辈子都在为金钱而忙碌，以为有了钱就有了成功，岂不知，成功已经远离了他的生命。

7.不做把金钱当上帝的吝啬鬼

人要勤俭节约，但也不能吝啬小气。

一个人一旦不能正确理解金钱对我们的意义，就会走两种极端，一种是视金钱为粪土，另一种就是变态的节俭，也就是吝啬。吝啬作为一种自私、冷漠的病态行为有极大的危害性。

首先，它违背了人类社会应有的仁爱观念和人道主义精神。

其次，物质与精神上的吝啬将会对一些社会成员造成精神及肉体上的伤害。试想，因为吝啬花钱而不让子女上学，不给老人看病，生活中一分钱也不舍得花的人，人生会有多空虚，多孤独?一个被父母重养轻教长大的孩子，他们的灵魂又有多么空虚?一个面临困境向他人伸出求援之手的人，得到的只是白眼，他的心里有多痛苦?作为人，实在不该有吝啬之心。“人非草木，孰能无情?”人与动物的最大区别就在于人具有社会性，人与人之间存在着各种互助关系，相互关心、帮助是人类美好的属性。看破金钱的吝啬之人极度自私，不给别人任何帮助，将人的本性降格为动物般的本性。吝啬破坏了人类美好的社会关系、伦理关系与道德关系。这种人也必将受到社会的谴责与遗弃。

人活在世上，需要钱，但更需要亲情与友谊。若把钱看偏颇变得小气冷漠，只会割断亲情，使自己成为孤家寡人。赡养老人、养育子女是公民应尽的义务，否则，天理难容。过去曾受到的不公正的待遇，不必萦怀心头，而要理智地看待。关心与帮助历来是相通的，每个人都有需要别人帮助的时候，今天帮人一把，日后自己有难处，也定会得到他人的关心。

人虽要勤俭持家，却但切不可把吝啬当成勤俭中的吝惜。看透金钱就会明白吝啬与吝惜不同，吝惜指对所有财物(包括个人与公家的)十分珍惜，不浪费，不大手大脚，是一种勤俭节约的好行为，好品德。教育家徐特立早年在长沙办学，非常勤俭，常将别人丢弃的半截粉笔拿来写字，还赋诗道:“半截粉笔犹爱惜，公家物件总宜珍。诸生不解余衷曲，反谓余为算细人。”你吝惜太过分，就成为吝啬了，吝啬是为人所厌恶的。

此外，吝啬心理还与焦虑有关。

心理医生和精神分析学家们认为，焦虑是人的行为的基本能力。弗洛依德将焦虑分为三类:即由环境中存在的现实危险所引起的现实焦虑;由害怕控制不住本能冲动而引起的神经质焦虑;由害怕自己违背社会规范而引起的道德焦虑。焦虑令人不快和紧张，要设法降低或克服它，个人所作的一切作为就是为了避免或降低各种焦虑。有些人将现实生活风险估计过高，对自己的能力与实力估计过低，为了应付焦虑，就建立起自我防御机制。我们的吝啬多数属于自我防御型，怕失去自己手中的财产以及富裕的生活。

可以这样认为，有许多吝啬者从小很少甚至从未从父母那里得到爱与关怀，致使他们不懂得如何去爱别人。他们很少与父母有情感上的交流，因此对他人的艰难处境不会引起心理共鸣。他们看到需要资助或帮助的人，往往这样想:这不关我的事。心安理得地把责任推给别人。所以，我们应该对家中老人、孩子多给一些爱心。付出一份爱心，必有相应的收获。

生活中，我们把钱看透因而生活节俭是一种美好的品德，但绝不可把钱看破而成为一个吝啬鬼。要知道，你的吝啬影响的不光是你自己，还会影响你的后代。

8.如何正确对待钱

树立正确的金钱观和挣钱意识，是对自己人生负责任的表现。

有人说金钱是天使，有人却说金钱是恶魔，对待金钱不同的观念势必会影响一个人的行为。一般的金钱观都是无可非议的，只要适应当时的情况，符合自己的实际，但有时一点观念的偏差却会引发致命的事故。因此，看透金钱，树立正确的金钱观，是对人生负责任的表现。

时代在发展，社会在变迁，不同的时代，不同的社会对成功有不同的定义。但是只要人类存在，成功者就有存在的意义——成功者必须顶天立地地发挥自己的优势挣大钱，干大事。只是，社会的进步对成功者提出了更高的要求。

为什么有些人一辈子为金钱焦虑?为什么有的人在黄土地上耕种了一辈子，到头来还不能解决自己的温饱?

为什么有的人挣到的钱总比他应该或能够挣的少?为什么有的人总是担心损失金钱而害怕投资?

下面，我们对几组关系来进行比较：

(1）资产与负债

看透金钱和成功的人必须对自己的资产和负债状况有个清晰的认识，这样的人才有可能成为成功的创业者。我们可以把资产和负债放在一个更广阔的背景里去思考。赋予它更多的内涵和外延，如情感、健康、心态、道德、社会责任，等等。把自己放在一个比较宽松的环境中去创造更多的资产。

（2）职业与事业

①你的职业通常是为别人打工，也就是为金钱工作。换句话说，你正在关注别人的事业。你的事业与你的职业是完全不同的。关注你的事业不是最重要的。

②你的事业是你不需要到场也能给你带来现金，你的职业是你必须亲自去做，并因此换取报酬的工作。

③不知道事业与职业的区别是你没看透金钱和财务知识贫乏的表现之一。

（3）投资与消费

①投资与消费是财富增加和减少的重要方面。穷者的消费是财富减少，而富者往往把消费变成一种投资。

②投资和消费是可以转换的，有时富人的消费反而是一种投资，而穷者的投资则变成了一种消费。

③穷者对微小的消费也斤斤计较，这是对金钱恐惧的一种表观。而富人敢于大胆地、合理地消费，因为他们知道转化。

（4）赚钱之道在于积累

不少人都有这样的愿望，总梦想自己有朝一日能财源滚滚而来，潇洒地做一回大老板。但大多数人终其一生，却难以梦想成真。这是什么原因呢?因为有些人赚钱太心急。小钱不想赚只想赚大钱，没有看透小溪汇集在一起能积聚成大海。

日本明治时代有名的船舶大王河村瑞贤，年轻时好长一段日子无所事事，在家赋闲。后来生活日见拮据，他想:“我不能这样贫穷下去，应该干一番事业。”于是他拿出少许钱给乞丐，叫他们到处去拾人家丢掉的生菜，然后卖给贫穷的劳工们。当他开始做这项生意时，不少人讥笑他，讽刺他，甚至有的朋友拒绝与他来往。而河村根本不在乎这些，他拼命地干，认定这些“小钱”是他事业的全部基础。不出几年，河村又投资船舶业，成了著名的船舶大王。

有一个外省来的补鞋匠，从几毛钱缝缝补补做起，年纯收入竟达数万元。这不起眼的生意，虽然挣的都是小钱，可积少成多。

正是由于他们有一种细致、认真，不耻于赚“小钱”的做法，使他们日后财源滚滚。这对我们来说确实很有借鉴作用，如果我们抓住身边的小钱，不让赚钱的机会从身边溜走，莫以利大而为之，莫以利小而不为。由小钱到大钱，终有一天你也会拥有大钱的。

“钱”是财富的象征，在当代社会更是衡量一个人成功与否的标准之一，拥有正确的金钱观，才能让你赚到更多的钱。

9.用好每一分钱

想明白了财富的增长规律，你就知道了该怎样高效地积累财富。

财富是一棵树，是由小小种子长大而成的，你所存的第一个铜板就是种子。而在种子长成大树的过程中，还需要你精心地浇水、施肥、治虫等，这就是理财。只播种不培育，种子是难以长成大树的。因此，你越快播下种子，越认真地培育树苗，就会越快让“钱”树长大，你就越快能在树阴下乘凉，越快采摘到丰硕的果实。这就是财的增长规律，你若能看透，就会知道怎样高效积累自身的财富。

《圣经》中有则这样的故事：一个财主把财产分成三份，分别托付给三位仆人，要他们善加管理。第一位仆人用这些钱做了各种保值投资；第二位仆人则买回原料制成商品出售；第三位仆人为安全起见，把钱埋在树下。一年后财主召回三位仆人检视成果，前两位仆人管理的财富均增长一倍，第三位则原物奉还。他向主人解释说：“唯恐运用失当而遭到损失，所以将钱存在安全的地方，今天将它原封不动奉还。”

现实中也有一个关于财富增长的经典故事。1896年诺贝尔奖创立之初有980万美元基金，每年5位诺贝尔奖得主分获100万美元。初时诺贝尔奖金管委会订立章程规定基金的投资政策是安全且有固定收益，例如存银行或购公债。但到了1953年，基金只剩下330万美元。此时管委会作出决定，将基金投资股票和房地产。到1993年，基金总资产增长到2.7亿美元。

从这两个故事里，我们可以看到，财富的增长，很大程度上取决于用财的方法。用财得当，财富便可迅速增加，而如果不会用财，或者用财不当，则不仅不能增加财富，而且还有可能使自己过去积聚的财富萎缩甚至损失。

用财方法的正误与用财能力的高低，决定财富的多少。有的人拼命赚钱，有的人也省吃俭用，却并没有富起来，一个不可忽视的原因便是缺乏正确的理财方法与较高的理财能力，没有把握住财富增长的轨迹。

不少人将富人致富的原因，直接归因于他们生来富有、他们创业成功、他们比别人聪明、他们比别人努力或是他们比别人幸运。但是，家世、创业、聪明、努力与运气并不能被用来解释所有致富的原因。我们生活中的不少有钱人，他们并非出身在有钱人家，也不是什么大生意人，也不见得很聪明，并且也不是都受过什么高等教育，但他们却硬是富了起来。靠什么呢?靠的是他们较强的用财能力。

有人认为，合理用财不过是精打细算而已，最多只是改善一下个人或者家庭的财务状况，与我们的致富目标相差甚远。其实这是非常错误的想法，是还没有看透财的增长规律。合理用财本身就是一个很好的致富之道，是人人可以做到的。你不需是有钱人、不需是高收入者、不需是高学历者、不需要具备专门的知识与高超技术、不需要靠运气，你所需要的只是正确的用财习惯。因此，一个人有没有钱不重要，收入高低也不重要，影响一个人未来财富之多寡的主要因素，在于他有没有学会用财。这项工作看起来简单，但做起来并不轻松，不过无论如何，都绝对值得你去做!

这是个变化快速、财富充沛的时代，同时也是个强迫合理用财的时代。在市场经济体制下，每个人均渴望发财致富，借以提高自己的生活水准或达到人生的目标。在这攸关未来财富地位的关键时代里，你不能再对理财漠不关心，或者对投资一无所知。你必须趁早接受正确的合理用财观念，不断地提高自己的用财能力，沿着财富增长的路子走下去，才能在追逐财富的过程中赢得胜利。

你不妨现在就检视一下自己，你是否养成了较好的用财习惯?是否制订了明确的投资计划?是否正在沿着追逐财富的正确轨迹前进?这是决定我们能否致富的重要因素。

大多数人将资产摆在金融机构而不投资，而一开始投资，又只想快速致富。结果钱存在银行发不了财，而从事快速致富的投资，反而弄得血本无归。殊不知，不敢投资与盲目投资都是致富的大忌。

那么，该如何有效地利用每一分钱？如何及时地把握每一个投资机会？最佳的方式就是开源和节流。所谓开源，便是争取资金收入；所谓节流，便是计划消费，预算开支。成功的理财可以增加收入，减少不必要的支出，改善个人或家庭的生活水平，从而使你走上富裕的道路。

学会用财是你财富增长的最根本途径。而学会用财的基础就是你是否看透和想明白了财富的增长规律。用财方法的正误与用财能力的高低，决定财富的多少。

10.看透钱财，明智消费

人的生活应该有一个详细的经济计划，计划详细了，钱财才会有清晰的脉络，自己统筹规划，生活才会取得保障。

钱财的意义无非是满足人类生活的需要，看透这一点你就要学会理财，所谓你不理财财不理你，因此，社会发展到今天，理财渐渐成了人们的一种时尚、一种追求。要想更好地理财，更好地打理自己一生的财富，有两点必须加以重视，那就是明智地储蓄和预算。

美国财政预算专家爱尔茜·史塔普里顿夫人说：“多数人感到烦恼并不是因为他们没有足够的钱，而是他们不知道如何支配手中已有的钱。”俗话说：“吃不穷，穿不穷，不会算计一世穷。”这句话一定是一个看透钱财的人说的，一语道出了管理钱财的窍门，有计划地管理钱财，钱财就会像流动在一条规范化的渠道里，直奔它的正常用途；没有管理计划的钱财，如同泼在地上的一盆水，向四面八方流去，很快就消失在沙土里了。人的生活应该有一个详细的经济计划，计划详细了，钱财才会有清晰的脉络，自己统筹规划，生活才会取得保障。

成功学大师卡耐基有一段个人生活的财政困难时期，这是他一生中最艰辛的岁月。他在密苏里的玉米田和谷仓里每天劳动10个小时，辛勤工作直至腰酸背痛，每小时拿不到1美金，也拿不到50美分，或者10美分，而是拿5美分！他住在一间没有浴室、没有自来水的房子里，冬天的时候，晚上睡在零下15℃的卧室里；为了节省10美分的车费，他徒步走好几里路，以至鞋底磨穿；他尝够了裤子打补丁是什么滋味；尝够了在餐厅里点最便宜的菜是什么滋味；尝够了把脏裤子压在床板下是什么滋味，因为他没有钱付给洗衣店。

“然而，”卡耐基说，“在那段时间里，我设法从收入中省下几个铜板。由于这段经历，我知道个人理财和一些管理公司一样，必须拟订一个花钱的计划，然后根据那项计划来花钱。可惜大多数人都不这样做。”

“超前消费”是一个时髦的词儿，这个时髦的词儿被相当多的年轻人推崇，不管自己的经济状况如何，贷款买房，贷款买车，先把自己逼到一个负债累累的境地，后半辈子就围绕着如何还贷款的问题团团转。

如何才能管理好自己的钱财呢？看透钱财的理财人士提供了3条规则，可以借鉴：

（1）找出一个适合你的财政预算方法

预算的意义在于合理安排好你的生活，而并不把生活中的乐趣全部抹杀。依据预算开支来生活的人，烦恼少，因为他不会因为突如其来的财政问题措手不及。

预算专家告诉我们，至少在最初的一个月把所花的每分钱做一个精确的记录，如果你有恒心，可以连续做3个月这样的记录，这个为自己提供的正确记录可以让你知道钱花到哪里去了。然后，接着依次做下一步预算，你最好咨询一下投资公司，让专家为你提供理财方向。

（2）学会如何花钱

会花钱是一门学问，会花钱的人能够用最少的钱办最多的事，用最少的钱买最好的东西。

有两位女士，收入一样多，可是，有一位总是穿着入时，而且不多花钱；而另一位呢，整天都在买衣服，却没有一件入时得体的衣服，她总是感觉缺少一件最合适自己穿的衣服。她每月买衣服花的钱很多，总是搞得入不敷出，原因就是不会花钱。会花钱的人能够使钱的价值得到最大限度的实现，每一分钱都用得物有所值。

如果你的收入增加了，也要按照预算花钱，超前消费很容易陷入债务陷阱，那就谈不上有什么快乐了。

（3）避开高利贷的陷阱

当一个人遇到困难时，如果他去找朋友借钱，很容易得罪朋友，很多人由于借钱而失去朋友。有些人为了借钱去找高利贷者，这也是一条不可行的路，如果你实在需要贷款，一定要设法争取银行贷款，这样很安全，不会被高利贷者折磨。另外，在平时注意投保也很重要，有多余的钱可以投点医疗、火灾以及紧急开销的保险。目前我国保险业还不是很发达，人们的保险意识也不强。其实，有钱投一点保，预防意外是很有必要的。有一个年轻人挣了一笔钱，投了健康保险，不料一年过后，他不幸得了一场大病，保险公司付了一大笔医疗费，他顺利地渡过了有可能花光他所有积蓄的难关。

财富没有止境，如果大手大脚，拥有再多钱也不够花。保持一种平常人的心态，你才能享受生活的快乐。

一个不懂得开源节流的人是不会生活的人。无论是金钱还是生命都应该有计划地支出，不会开源节流等于不会生活，生命、感情、思想，以及物质条件构成一个人的正常生活，不管哪一个方面都不能透支，不然生存将会受到威胁。

11.炫富是无知和幼稚的表现

一个成熟的人应该明白，如果总是为欲望所趋使而去生活，那么他只能沦为欲望的奴隶。

曾有一位哲人说过，财富一半是天使，一半是魔鬼，满足你正常需要的财富是天使，满足你欲念膨胀的财富是魔鬼。当你没有看透，或是看破财富的意义的时候，就容易受到魔鬼的操纵，财富就会离你而去。

“赚钱可以成为一种荣耀，赚很多的钱更加可以引以为荣。”美国《时代周刊》创始人亨利·鲁斯的这句名言被越来越多中国的成功人士视为座右铭。

衣锦荣归，有了钱就喜欢向别人炫耀，正像中国南方某位著名企业总裁说的那样：“在中国，你的富裕要让别人看得见，否则没有人会相信你真的有钱。”这不是个别现象，可以说大多数人都没有把财富看透，对于他们来说，从前的穷日子过惯了，赚了钱，最先干的就是要证明自己脱离了贫苦阶级，最好把自己的身家资本都拿出来炫耀。但是，除了给人暴发户的感觉外，就是无知。

在中国，大部分的成功者都曾经历过风里来雨里去、劳苦奔波的日子，他们的成功都是一个从“无名小卒”到“商场大亨”的转变过程。所以在取得成功后，大多都有“翻身农奴得解放”的感觉。他们成功后都急切地需要亮出阵势，摆出架子，让别人刮目相看，从而获得自己内心的极大满足。好像不在吃穿住行上露一手就不足以体现心中的自豪感。

还有一种情况就是，一部分人看破了人生中的金钱，财富观念很激进或很消极，他们认为钱挣来就是用来挥霍的，不花掉就不足以证明钱的价值。

很多成功者由于其取得成功所用的时间非常之短，甚至可以称得上一夜暴富，而这种"成功"带给他们的感觉是盲目和眩晕，很多时候他们已经不是在乱花钱，而是在乱"扔"钱。或者是他们没有认识到金钱所代表的意义和价值，或许是他们认为钱就是用来"花"的，不花留着又不能"下崽"。一些有钱的人，最怕人说他没钱，哪怕是说他不够品位、不够级别、不够档次，他都觉得丢脸。因而就有了敢于烧钞票、砸人头马、吃10万豪宴斗富比阔的人。他们永远不会谦虚得像亚马逊公司的总裁杰夫·贝索斯那样，穿着褪色的黄卡其布裤子。

这些"成功"者喜欢炫耀自己的全部财富，喜欢一掷千金的虚荣，轻轻地挥一挥大手，数万、数十万，甚至数百万的钞票就悄悄地离去了，这份潇洒，天下谁人能比！即使所买商品没有多大实际用处和价值，而由此赢得的众星捧月般的奉迎和青睐，远比没钱时遭人冷眼要扬眉吐气。

成功者的炫耀财富不仅会给他们自身带来毁灭性的打击，也会给整个社会带来极其恶劣的影响。他们沉醉于大吃大喝，迷恋于名车名表，争奇斗富，挥霍浪费，而对文化上的投资与支出，又十分吝啬，这些人在经济上富了，在精神上却穷了。更有甚者，一些人精神上无聊到了极点，就醉心于赌与嫖，进行堕落性消费。这种挥霍炫耀、愚昧堕落的消费风气，对社会的腐蚀性、破坏性极大。

以上这些"成功者"无非是没有看透财富，他们的这种奢侈是一种炫耀，也是一种发泄。这些"成功者"都是在非常贫困的环境中成长和发家的，在他们拥有了大笔财富之后，他们极力想弥补过去岁月里所受的委屈和损失，希望用外在的光环引来他人羡慕的眼神。

大部分人民群众还在为怎样赚到钱而发愁时，一部分"先富"起来的"成功者"却在为怎样花钱而烦恼，这实在让人感到痛恨。人一旦学会了花钱，就很难控制自己享受的欲望。真正看透财富的有钱人，他们每一笔花费都应该有明确的目的，而不能贪图一时的安逸享乐，花天酒地，挥霍无度，影响自己的事业和人格。

财富是人生追求中的一个目标，但是，我们要秉承着正确的观念去看待金钱，成功者都应该在取得名望和地位后，适当地运用自己的财富优势回报这个社会。要充满理性地对待消费，要充满爱心地面对社会。要认真履行作为公民的义务，要有一个积极的人生观和正确的价值观。

当然，我们在这里不是“仇富”，事实上我国许多已经成功的杰出人士都保持着普通老百姓的生活作风。他们把节俭下来的财富当作社会的财富，只有在社会需要时，才慷慨地拿出来使用，他们才是物质上的富人，精神上的成功者。

看透财富的人应该明白，如果一个人总是为欲望所趋使而去生活，那么他只能沦为欲望的奴隶。列宁说过，成功跨前一步离失败也不远了。不管这成功是扎实的，还是虚浮的。

财富，尤其是不靠奋斗积累得来的身外之物，很容易流失散尽。来得容易，失去得也容易，从哪里来的还回哪里去。这是大自然的规律，也是生活的辩证法。财富，可使穷人变成富翁，同样也是财富，又可使富翁一夜之间变成连穷人都不如的窃贼和乞丐。这中间的差距和选择就在于你能否成熟地对待和处理金钱。

第四章

脾气是浮云

——生气不如争气

生活中总能碰到让我们生气的人，生气的事。看透人生中的“气”你会知道，生气不过是在用别人的错误来惩罚自己。面对别人的过错，我们不如平静下来，做到心里精明有数，外在宽宏大量，能忍则忍不生气，有生气的工夫还不如好好争气，过好自己的日子。

1.生活不妨睁只眼，闭只眼

凡是能成大事的人都具有一种优秀的品质，就是能容人所不能容，忍人所不能忍，善于求大同存小异，团结大多数人。

人生的复杂性使人们不可能在有限的时间里看穿人生的全部内涵，但人们对人生的感悟又总是局限在某些事件对自己的启迪上，比如:做人不能太较真便是其中一理，这正是有人活得潇洒，有人活得累的原因所在。

做人固然不能玩世不恭，游戏人生，但也不能太较真、认死理。“水至清则无鱼，人至察则无徒”，太认真了，就会对什么都看不惯，就会总生气，连一个朋友都容不下，把自己同社会隔绝开。

人非圣贤，孰能无过。与人相处就要看开一点，想开一点，经常以“难得糊涂”自勉，求大同存小异，有肚量，能容人，你就会有许多朋友，且左右逢源，诸事遂愿；相反，“明察秋毫”，眼里容不下半粒沙子，过分挑剔，什么鸡毛蒜皮的小事都要把自己气得心脏病突发，最后，只能成为大家避之唯恐不及的异己之徒。古今中外，凡是能成大事的人都具有一种优秀的品质，就是能容人所不能容，忍人所不能忍，善于求大同存小异，团结大多数人。他们极有胸怀，豁达而不拘小节，大处着眼而不会目光如豆，从不斤斤计较，纠缠于非原则的琐事，所以他们能成大事、立大业，使自己成为不平凡的伟人。

但是，如果要求一个人真正做到对人不较真、能容人，也不是简单的事。首先需要有良好的修养、善解人意的思维方法，并且需要从对方的角度设身处地地考虑和处理问题，多一些体谅和理解，就会多一些宽容，多一些和谐，多一些友谊。比如，有些人一旦做了官，便容不得下属出半点毛病，动辄勃然大怒，横眉立目，属下畏之如虎，时间久了，必积怨成仇。想一想天下的事并不是你一人所能包揽的，何必因一点点毛病便与人“不和谐”呢?可如若调换一下位置，挨训的人也许就理解了上司的急躁情绪。

有位同事总抱怨他们家附近副食店卖酱油的售货员态度不好，像谁欠了她200块钱似的。后来同事的妻子打听到了女售货员的身世：丈夫有外遇与她离了婚，老母亲瘫痪在床，上小学的女儿患哮喘病，她每月只能开二三百元工资，住一间12平米的平房。难怪她一天到晚愁眉不展。这位同事从此再不计较她的态度了，甚至还想帮她一把，为她做些力所能及的事。

在公共场所遇到不顺心的事，实在不值得生气。素不相识的人冒犯你肯定是别有原因的，不知哪一种烦心事使他这一天情绪恶劣，行为失控，正巧让你赶上了，只要不是侮辱了人格，我们就应宽大为怀，或以柔克刚，晓之以理。总之，最好不要与这位与你原本无仇无怨的人瞪着眼睛较劲。假如较起真来，大动肝火，刀对刀、枪对枪地干起来，造成什么不良后果，那就犯不上了。跟萍水相逢的陌路人较真，实在不是聪明人做的事。假如对方没有文化，一较真就等于把自己降低到了对方的水平，很没面子。另外，对方的触犯从某种程度上是发泄和转嫁痛苦，虽说我们没有分担他痛苦的义务，但客观上确实帮助了他，无形之中做了件善事。一旦你想透了这些，也就容忍他了。

清官难断家务事，在家里更不要较真，否则你就愚不可及。父母、夫妻、孩子之间哪有什么原则、立场的大是大非问题?都是一家人，非要用“阶级斗争”的眼光看问题，分出个对和错来，又有什么用呢?人们在单位、在社会上充当着各种各样的规范化角色，无论是恪尽职守的国家公务员、精明体面的商人，或者奔波劳碌的广大工人，一回到家里，脱去西装革履，也就是脱掉了你所扮演的这一角色的“行头”，即解脱了社会对这一角色的规矩和种种要求、束缚，还原了你的本来面目，使你尽可能地享受天伦之乐。假若你在家里还跟在社会上一样认真、一样循规蹈距，每说一句话、做一件事都要考虑对错、妥否，顾忌影响、后果，掂量再三，那不仅可笑，也太累了。我们的头脑一定要清楚，在家里你就是丈夫、就是妻子，所以，处理家庭琐事要采取“绥靖”政策，安抚为主，大事化小，小事化了，当个笑口常开的和事佬。具体说来，做丈夫的要宽厚，在钱物方面睁一只眼，闭一只眼，越马马虎虎越得人心，妻子给娘家偏点心眼，是人之常情，你就别往心里去计较，那才能显出男子汉宽宏大量的风度。妻子对丈夫的懒惰等种种难以容忍的毛病，也应采取宽容的态度，切忌唠叨起来没完，嫌他这、嫌他那，也不要偶尔丈夫回来晚了或有女士来电话，就给脸色看，鼻子不是鼻子脸不是脸地审个没完。看得越紧，逆反心理越强。对丈夫太“认真”了，让他感到是戴着枷锁过日子，进而对你产生厌倦，那才真正会发生危机。家里是避风的港湾，应该是温馨和谐的，千万别想不透把它演变成充满火药味的战场，狼烟四起，鸡飞狗跳。

有位智者说，大街上有人骂他，他连头都不回，他根本不想知道骂他的人是谁。因为人生如此短暂和宝贵，要做的事情太多，何必为这种令人不愉快的事情浪费时间呢?这位先生的确修炼得颇有心得了，知道该干什么和不该干什么，知道什么事情应该认真，什么事情可以不屑一顾。要真正做到这一点是很不容易的，需要经过长期的磨炼。如果我们明确了哪些事情可以不认真，可以敷衍了事，我们就能腾出时间和精力，全力以赴认真地去做该做的事，我们成功的机会和希望就会大大增加;与此同时，我们变得宽宏大量，人们就会乐于同我们交往，我们的朋友就会越来越多。事业的成功伴随着社交的成功，应该是人生的一大幸事。

2.饶恕可容之事，包容可容之人

宽容就像天上的细雨滋润着大地，它让人们感受到宽容的温暖和湿润的力量，哺育着怀有宽容之心的人的心灵。

一只脚踩扁了鲜花，它却将香味留在那脚跟上……一个很残酷的画面却因为那一抹香而变得很唯美，这就是宽容带来的美好境界。很难想象如果这个世界上所有的人都放不下心里的愁、怨和恨会变成什么样子，会不会因为鲜花的想不开、看不透，从此世界上再也没有芬芳？

大海收容了每一朵浪花，不论其大小，故大海成其广；天空收容每一片云彩，不论其美丑，故天空成其大。是的，一个人如果看透人生中的“气”，拥有了比海洋和天空还要宽阔的胸怀，那他无论遇到什么难题，都会想得透彻，都会正确地去对待和处理。以宽宏大度的态度去对待别人，是一种美德、一种风度、一种仁爱无私的境界。人生之路需要宽以待人，成功之路更需宽以待人。宽容是做人看透不看破的一种风度和境界。

有一副名联说：“大肚能容，容天下难容之事；开怀一笑，笑世界可笑之人。”这种禅境让人为之称道。生活中我们需要这种开怀大笑的精神和境界。一个看不透人生中的“气”、心胸窄小、不能宽大为怀的人，必然会因孤独而陷于忧郁和痛苦之中；而看透但不看破人生，宽宏大量、与人为善的人，则讨人喜欢、受人尊重，因而能体验更多的成功和喜悦。

唐代的两位智者寒山与拾得对此颇有见地。一日，寒山问拾得：“今有人侮我、笑我、藐视我、毁我、伤我、嫌我、恨我、诡谲欺我，则奈何?”拾得说:“子但忍受之，依他、让他、敬他、避他、苦苦耐他、不要理他。且过几年，你再看他。”这种能宽容和忍耐的精神真是很难得，毕竟，我们总是难以原谅曾经侮辱过我们的人。过几年的情况又是怎么样的呢?曾针对过寒山的人，再遇到寒山觉得很尴尬，再后来他们还成了朋友。

宽容是化干戈为玉帛的良药。原来对付那些伤害我们的人的最好的办法不是去更深地伤害他们，而是一笑而置之，那些别人打他的左脸还能把自己的右脸凑过去的人的境界就更是让人佩服至极。

大部分人在生活中遇到一些令自己伤心、痛苦甚至愤怒的事情，都会有或多或少的委屈和不甘，甚至陷入深深的怨恨中不能自拔。那是一种有苦说不出来的痛，是一种久久无法释怀的苦，是一种无以言表的悲哀，是一种欲说还休的无奈。你是宽容他，还是想不明白、看不透，进行待机报复?有句话叫“以牙还牙”，报复似乎更符合人的本能心理。但这样做了，怨会越结越深，仇会越积越多，真是“冤冤相报何时了”。许多人都一直以为:“只要我不原谅你，你就没有好日子过。”而实际上，你看不透想不开，不原谅别人，表面上是那人不好，其实真正倒霉的人却是我们自己，憋一肚子窝囊气不说，甚至连觉都睡不好，没多久就会积出病来。

生活中，我们无法拒绝被伤害。有时，甚至眼睁睁看着智慧被夺走，成就被贬低，爱情被摧残……屡屡遭遇锱铢必较的烦恼，争奇斗巧的排斥以及阴险的谋算，我们的努力与真诚换回的可能仅是一地破碎。很多人都以为只要自己有坚定的信心，这个世界上就没有翻不过的山，就没有趟不过的河，其实他们都忽视了一个最重要的东西，那就是自己的内心观念。我们不肯原谅别人所犯的错误，说到底其实还是不能说服自己，还是因为自己想不开。人非圣贤，孰能无过?人总是会犯错的，相信犯错的人心里也有很多的自责和懊恼，倘若我们能够原谅他们，既减轻了别人的负担，也化解了自己的心理压力，能利人利己，岂不是两全其美吗?

从古到今，凡是成功的人士，无不是开放为怀、置区区小利而不顾，因为他们都看透一个道理:宽厚待人，容纳非议，乃事业成功、家庭幸福美满之道。长期存抱怨情绪，只会使自己偏离前进的方向。莎士比亚说:“不要因为你的对手而燃起一把怒火，炽热会烧伤你自己。”那些鼠肚鸡肠，对片言只语也耿耿于怀的人，没有一个是成就大事业的人，没有一个是有出息的人。所以，一个人要想在社会上立足，想干出自己的一番事业，就必须有大海一样的胸怀。心胸开阔天地宽，只要你能放开一切，就没有做不成的事情。

爱迪生和他的助手在经历了千辛万苦后终于发明出了电灯泡，这个异常珍贵的成果让他们欣喜若狂，爱迪生叫来一个年轻的学徒，让他把这个电灯泡拿到楼上好好地保存起来。谁知，这个学徒因心里异常紧张，结果在上楼的时候不住地哆嗦，一下子摔倒了，电灯泡也摔得粉碎。爱迪生感到非常惋惜，但他并没有责备这个学徒。几天后，经过他和助手的努力，又完成了灯泡的制作，而且在这次制作过程中他们发现了更好的方式，从而对电灯泡的制作工艺也有所改进。

就是这样，原谅不仅没有让人损失什么，还带来了更多的惊喜。它就像一把双刃剑，可以伤人也会伤己，可以惠人也会惠己。莎士比亚说:“宽容就像天上的细雨滋润着大地。它赐福于宽容的人，也赐福于被宽容的人。”

如果我们一直都不能看透人生，不能原谅一个人或一件事，那么自己内心的伤口是永远无法愈合的。所以，我们还是看透些吧！不妨抛开心中的怨、恨、不满以及不甘，不要让这些令人窒息的情绪压迫我们的心灵，它们会像乌云一样层层地遮住灿烂的阳光，让我们看不到美好。

也许朋友一句无心的话深深地伤害了你，也许父母出于爱的责骂深深刺痛了你，如果你看不透、想不开，不能够原谅他们，那么这必将会成为你心中永远的阴影。令人心碎的事、大病、孤寂和绝望，每个人都难以幸免。失去珍贵的东西之后，总有一段伤心的时期，问题是，你最后到底是变得更坚强还是更软弱？原谅别人，是对待自己最好的方式，因为释放了自己，才能有健康自由的心态。

拥有这种豁达的心态，你便拥有了快乐的人生。其实这很简单，无非是遇事拿得起，放得下，想得开，不计较；遇人则能宽容，善爱人，平等相待。原谅别人，就是善待自己，走出困苦不堪的心灵，你会发现处处有怡人风光，处处有鸟语花香，另一个迥然不同的世界在等着你精彩的“演出”！

3.乐于忘记，不念旧恶

“念念不忘”别人的“坏处”，那实在是你想不开、看不透的愚蠢行为，不但那个对你不好的人得不到你想施加的报复，反而最受其害的是你自己的心灵。

世界上就有这样一种人，他们能很快忘记昨天别人对自己的不好和昨日与别人的旧仇，整天都过得潇洒自在。这就是智慧做人的忘忧精神。

古人云:“人之有德于我也，不可忘也;吾有德于人也，不可不忘也。”意思是说，别人对我们的帮助，千万不可忘了，反之，别人倘若有愧对我们的地方，应该看透一点，想开一点，乐于忘记，不念旧恶。

乐于忘记旧恶其实是一种自我心理平衡。一个人要老是“念念不忘”别人的“坏处”，不但那个对你不好的人得不到你想施加的报复，反而最受其害的是你自己的心灵，因为把怨恨放在心里，就等于把一颗毒药放在心里，它会随着你的恨慢慢地渗透到你的每个细胞里，让你全身都充满怨气。这种痛苦不堪完全是你没把人生看透而造成的。其实，你糊涂一点，忘了它们又会如何?

但是，忘记是困难的，因为那与我们一段痛苦的经历息息相关，每次回忆起来都会让我们更添一份怨恨。那又如何呢?你只能怨恨了，尤其是对于昨天发生的事情。所以，还是看透一点、想开一点吧，因为昨天已经过去了，已经成为历史了，你要做的只能是在历史的足迹中找到一点经验和教训，以免以后再次在同一个地方跌倒。对于昨天发生的纠结，最好的做法就是做一个糊涂人，忘记过去，你才能得到最后的解脱。

这就像我们人在死后都要喝孟婆汤，忘记前尘往事才能最后走向极乐世界一样。

乐于忘仇是一种做人看透不看破的修为和境界，更是成大事者的一个特征。既往不咎的人，才可甩掉沉重的包袱，大踏步地前进。

人要有点“不念旧恶”的精神，况且在人与人之间，许多情况下，人们误以为“恶”的未必真的是什么“恶”。退一步说，即使是“恶”，若是对方心存歉疚，诚惶诚恐，这时候你不念旧恶，以礼相待，说不定也能改“恶”从善。

据说唐朝的李靖当时发现李渊有图谋天下之意，并且亲自向隋炀帝检举揭发。但是李世民后来并没有责罚他，而是原谅了李靖。后来，李靖驰骋疆场，征战不疲，安邦定国，为唐朝立下赫赫战功。

魏徵曾鼓动太子建成杀掉李世民，李世民同样不计旧怨，量才重用，使魏徵觉得“喜逢知己之主，竭其力用”，也为唐王朝立下了丰功。

苏东坡可以说是拥有宽容心态的人的典范。王安石当宰相之时，因为苏东坡与他政见不同，便借故将苏东坡降职减薪，贬官到了黄州，搞得苏东坡相当凄惨。然而，苏东坡却心宽得很，根本不把这事放在心上，更不念旧恶。在王安石落魄后，苏东坡不断写信给隐居金陵的王安石，互相勉励，讨论学问，两人谈得十分投机。

唐朝李吉甫也是一个这样的人。在陆贽当丞相时，曾偏听偏信，认为太常博士李吉甫结伙营私，便把他贬到明州做长史。不久，陆贽被罢相，贬到明州附近的忠州当别驾。后任的宰相明知李、陆有点私怨，便玩弄权术，特意提拔李吉甫为忠州刺史，让他去当陆贽的顶头上司，意在借刀杀人。不想李吉甫是个“糊涂人”，不但不记旧怨，而且“只缘恐惧传须亲”，上任伊始，便特意与陆贽饮酒结欢，使那位现任宰相借刀杀人之阴谋成了泡影。对此，陆贽深受感动，便积极出点子，协助李吉甫把忠州治理得一天比一天好。李吉甫不图报复，宽待了别人，也帮助了自己。

从古到今有许多英雄豪杰都是光明磊落不念旧恶，最后得到了众人的拥护和爱戴。人生最难得的是将心比心，谁没有过错呢？当我们有对不起别人的地方时，是多么渴望得到对方的谅解啊！想到这里，我何不在面对别人的伤害时做一个大度的人，糊涂地忘记那些伤，那些痛，永远活得开心快乐！

4.原谅你的对手

对手和仇人都是你真正的朋友，是他们让你在芸芸众生中变得与众不同，变得坚强独立。所以，还是选择原谅他们吧，把对手也当成朋友。这样，你就多了一个朋友而少了一个敌人。

说起对手，很多人都磨刀霍霍，恨之入骨，把他们当成自己的眼中钉、肉中刺，恨不得世界上所有与自己为敌的人都“死光光”。而把人生看透不看破的人则把自己的对手当成朋友，还时不时地送“礼”感谢他们。这又是为什么呢？

是的，多数时候对手都会使我们感到不安，敌人都会使我们愤恨。我们总想能够给对手以报复而后快。但是，报复给自己造成的伤害比伤到仇人的还要多。

因为对对手和仇人的报复心理使你内心充满了愤怒和狭隘，致使你说些愤怒不止的话，做一些很过格的事。医学上认为，这样长期下去，高血压和心脏病就会追随而来，伴你度过痛苦的一生。你内心的怒气充满心间，报复充溢四肢，内心和四肢也便缺乏对理想的执著与追求，美好的生活也会离你越来越远。

看过《三国演义》的人都知道，雄姿英发的周公瑾为他的对手孔明所气，大叫一声:“既生瑜，何生亮?”吐血而死。可见，没看透人生中的“气”，仇视无益，愤恨更无益，徒伤自己而令敌人称快而已。

“为你的仇敌而怒火中烧，烧伤的是你自己。”因此，我们还是学着做一个尽量不生气的人吧，像《圣经》里耶稣告诉我们的那样“爱你的仇人”，“爱你们的仇敌，善待恨你们的人;诅咒你的，要为他祝福;凌辱你的，要为他祷告”。如果你能抱着这样的心态对待你的敌人和对手，那他们就再也不能伤害到你了。

其实你透彻地想一想，他们哪里是伤害你呢?从另一个角度讲，其实他们是在帮助你。因为有了对手和敌人，我们知道了自己的不足，我们能一直不懈地努力，我们最终在压力下取得了不少成就。我们要做的是原谅我们的对手对我们的伤害，而且我们要感谢他们给我们带来的负面鼓舞和支持，是他们让我们变得更加坚强和强大。世界上所有的事情都是在与对手的竞争中得到进步和发展的，所以我们的世界才少不了对手和竞争。

就像李嘉诚对竞争的理解那样:“我不把他们当成仇人，我想他们只是我的对手，我们共同成长和成熟。有时候可以说他们是我的朋友，因为我的钱都是他们‘给’的。”

少用仇视的态度对待对手，能够缓和你与对手的关系，从而建立互相尊重、互相促进的友谊。

美国竞选，对手之间相互攻击，甚至败坏对手的名声，但仍可在对手所组内阁中担任重要职务，这对人性的处世不能不说是一种启示。能够与你成为对手的人，必定有着与你能够分庭拒礼的能力和实力，你能原谅你的仇人，将你的仇人招至麾下，为你效力，不是更利于实现你的目标吗?

由林肯委任而居于高位的人，很多都是曾批评或者羞辱过他的政治对手，于是林肯得以结束了内战。

可是，如果你看不透，想不开，用报复和仇视对待对手，你会招至一个什么样的局面呢?你将使你的敌手更坚定地站在你的对立面，去阻挠、破坏你的行动，破坏你创造的一切成果。而你，也会因为心中充斥报复的愤怒无暇他顾，你的理想和目标又如何能实现呢?

如果你的朋友对你说了你一句话，你可听可不听，因为那也许是恭维和玩笑，但是一个对手和敌人对你说了一句话，你一定要相信，因为只有他们的话才是发自肺腑的话。因此，想透看开吧，学会原谅你的对手和仇敌。

5.做人要有度

我们无论做人还是做事，凡事不过分苛求，凡事不过分挑剔，要有宏大的气量。生活中处处斤斤计较只会闹得众叛亲离的下场。

"'量'小非君子，无'度'不丈夫"，可以说是我国一句古话的现代翻版，形容的是做人必须要有宏大的气量，人生在世，不要让自己因为一些无所谓的小事情烦心，凡事不要和别人斤斤计较。

然而生活中还是有许多人不懂得这个道理，常常被困在有名无名的计较之中。事情一出现，他们就开始用内心的原则作为筛子，尽可能地筛掉生活中所有不合乎他们心意的石子，并且是一遍又一遍，直到筛子的孔越来越细，越来越小，但还是没有穷尽。在他们的眼里永远都没有满意，心眼小得容不下一粒沙子。人生如此短暂和宝贵，等待我们去做的重要的事情那么多，如果就这样因为心眼太细把时间浪费在鼠肚鸡肠的小事情上了，就这样在斤斤计较中度过了"事事不如意"不轻松的忧郁人生，是多么可悲的下场啊。何不做"乐呵呵"的人，把自己的心眼放大一点去过"事事如意"的生活呢?

可生活中的大多数人就是看不透，想不通。

周围的人做了任何事情他都会想方设法地挑毛病，妻子的菜做得有点咸，衣服洗得不够干净，跟客人说话的方式不是很好;总会批评小孩的成绩不够优秀，在家里、在外面都不够听话……尽管每次他提出的时候，妻子儿子都有所"改进"，可是，他的挑刺仍是没有停止过。最后，他的下场就是妻子跟他离婚，判决的时候，孩子死活都不想跟着他。他不光在婚姻家庭上如此，在对待亲朋好友的时候也一样，所以，他的下场就是众叛亲离。

是的，我们一生都在学习怎样做人，我们希望自己是一个在社会生活中处处受欢迎的人。但是，恍惚间，我们却离自己的理想状态越来越远，甚至是南辕北辙。怎样做人是一门学问，是一门甚至用毕生精力也未必能看透想通的大学问，多少不甘寂寞的人究其原委，试图领悟到人生真谛，塑造出自己辉煌的人生。然而人生的复杂性使人们不可能在有限的时间里看透人生的全部内涵，其实，想破解那真谛并不难，就是要做一个有度量的人。心太“细”是没有多少好处的，尤其是在做人上。

人与人之间是不同的，每个人都有自己内心的准则和标准，更何况人非圣贤，孰能无过?与人相处就要看透一些，多看看别人的优点，对待自己也要以尽力而为、难得糊涂自勉。不以自己的标准去苛责别人，你就会有许多朋友，且左右逢源，诸事遂愿;相反，斤斤计较，认死理，过分苛责挑剔，容不得别人有一点不如你意，人家也会躲你远远的，最后，你只能孤独终老。

一个人活在世上就应该很多事情都不要说破，很多事情即使看清楚了也不要讲出来。要真正做到这一点是很不容易的，需要你转变自己的思想观念。如果看透了哪些事情可以不认真，可以敷衍了事，我们就可以用更多的时间为自己的人生创造价值和幸福，生活也会快乐无比。

生活中，谁都想做一个处处受人欢迎和尊敬的人，然而，不把人生看透就难以拥有气量和大度。想把人生看得透彻并不容易，但又往往不过是一念之间，只要你克服了苛责，有了一个“宰相肚子”，你离那样的境界就不远了。

6.别人屋檐下，要学会低头

“虎落平阳被犬欺，龙游浅水受虾戏。”同理，进入别人的势力范围，若不想头破血流的话，就要学会容忍，低下你高贵的头颅。

低头是一种退让，谁都不愿意低头。但是古人有一句很有见地的处世格言，人在屋檐下，不得不低头。它要我们看透，在屋檐下要忍耐一时之辱，进入别人的势力范围，稍有抬头，便有被碰着的危险，随时面临别人挑衅的眼光，随时可能被人吃掉。因此，我们要在有些情况下做出一些退步，做出一些低头。

生活中谁又甘愿低头呢?但是很多时候我们是“不得不低头”，当然这里充满了无耐、勉强、不心甘情愿，是一种与自我的自由意志相冲突的行为，这种行为暂时还或许可以忍受。身高太高就低下头去通过低低的门框，但要是每天都让你在一座矮房子里生活，总有一天你会受不了的。

我们由此看透了人生的无奈，生活就是这样，它不会因为你无法忍受就要有所改变，遇到这些情况，我们又不能对这个世界失望，生活还得继续，我们能做的只能是改变自己。顺其自然吧，有些东西不要强求，承认有些时候“一定要低头”这一人性原则，且愉快接受之并欣然行之，这样于自己的自由的心灵造不成压力，没有痛苦的感受，而是充满着欢乐的心情去适应社会，寻找生存之道，这样岂不更好?

在鸿门宴上，刘邦深知自己的处境不利，清楚地看到“人在屋檐下”，所以从宴会的开始到结尾都一直舍得低着头行事，始终把自己的身份贬得极低而把项羽抬得极高，称他为大王，又称赞他大仁大义。这样，在项羽的内心已渐渐对这位“臣子”产生了同情和怜惜之情，从而放松了对刘邦的警惕。这样，刘邦终于赢得了逃脱的时机，为以后打败项羽赢得了喘息之机。

“虎落平阳被犬欺，龙游浅水受虾戏。”同理，在别人屋檐下的，无论你是强者还是弱者，此时你都是客人而不是主人，随时都有可能被人排挤、打击，甚至消灭掉，强出头和抬头都是没出路的。看透了这一点，你还是不要装强者不舍得低头了。对于弱者来说，“在人屋檐下，一定要低头”，这已是勿庸置疑的，那么对于强者来说有没有必要在人屋檐下，一定要低头呢?

答案是:有!假若你作为一名强者，进入弱者的势力范围时，你会不会因为面子问题而不舍得“低头”还高昂着头呢?其实，你的这种思维错了。你犯了一个错误，就是人具有本能地排斥“非我族”的本性，一旦你这样做了，他们表面上会害怕你的威力而不敢反抗，但内心深处，他们会与你产生不良的抵触情绪，这于你以后的发展不利。试想，难道你能确信你永远是强者吗?所以，最明智的做法是看透一点，想开一点，不如给对方以“礼”，这样，你既不失面子，又使对方觉得你有绅士风度又很“亲民”。

假如你的对手是一位与你实力相当的同伴时，你更要谨慎行事，切不可有一点马虎和忽视的态度。若此时这种关系处理得不好，很可能激怒对方，而使得他成为你的竞争对手或潜在的竞争对手。记住，千万不可激怒对方，也千万别伤害对方的自尊心。这时，你最好的办法就是动之以情，晓之以理和“礼”，在他的势力内主动提出和他合作，承蒙对方多多关照的要求。这样，你首先满足了他的自尊心，给了他面子，又给了他物质利益，这样他会考虑与你合作的。为了自己的长远利益，他不会置你于背后而不管的，毕竟他也知道有一天会利用你的势力范围的。

总之，不论作为强者还是弱者在别人屋檐下时，你以一定要看透想通，一定要低头，主动地与对方保持一定的合作和默契，而不能表现出无奈和勉强，也不能靠别人的提醒才去低头，这种低调与谨慎将会为你赢得诸多好处:

其一，不会因为自己不情愿低头而碰破了头。屋檐是客观存在的，阻力也是客观存在的，无论你承认不承认它，不论你看到没看到它，它都会存在的，只有你接受它，认识它，并自觉地低下头，才会不被碰破，才可顺利地通过对方的势力范围。

其二，因为你很自然地低下了头，而不会成为对方注意的目标。凡是强出头或抬头而横冲直撞者，都会引起对方的高度警觉，而你一旦成了对方的注意目标时，你的前进阻力将会增加很多，所以，这样的结局是得不偿失的。

最后，因为有这个“屋檐”，你就可以免于风吹雨打。其实，离开并非不可以，但此时此刻你正需要这个屋檐，为了争口气而去换雨淋，值得吗?淋雨不要紧，感冒了怎么办?况且当你离开时万一后悔，再想返回时，那就是很不容易的事啦!

所以，在别人屋檐下，就一定要低头，目的是为了让自己与环境有和谐的关系。把你和对方的摩擦降低到最小可能，从而减少你前进的阻力，也是为了保存你自己的实力，以便为了你更长远的利益。当然，这也是为了把不利于你的目前环境转化为对你有利的因素，这是一种人生的大智慧。

7.忍者无敌

古今中外，几乎所有的成功者都看透并牢记“忍为高”这句话。能克己忍让的人，是深刻而有力量的，是有雄才大略的，是真正懂得人生的人。

在中国，“忍”字成为众多有志之士的人生哲学。越王勾践也罢，韩信也罢，都曾忍受过别人的侮辱，最终渡过难关，成就了大业。清代金兰生《格言联璧·存养》中说:“必能忍人不能忍之触忤，斯能为人不能为之事功。”战国时期，有一位出生于魏国的范睢，因家境贫穷，开始时只在魏国大夫须贾手下当门客。有一次，须贾奉命出使齐国，范睢作为随从前往。到了齐国，齐襄王迟迟不接见须贾，却因仰慕范睢的辩才，叫人赏给范睢10斤黄金和酒，但范睢辞谢了。须贾却由此产生了疑心，认为范睢是把秘密情报告诉齐国，才得了礼物。回国后，须贾将自己的疑心告诉了魏国宰相魏齐。魏齐下令把范雎传来，命人用竹板责打他，打折了他的肋骨，差人们还轮流朝范雎身上小便。后来，范雎设法逃出魏国，改换姓名，辗转到了秦国，当了秦国的宰相。

忍，是儒家的一个经典核心。忍人一时之疑，一方面是为了脱离被动的局面，同时也是一种对意志和脾气的磨炼，为日后的发奋图强、励精图治、事业有成奠定了正常情况下所不能获得的基础。

现实生活本身并不全然是理性的，其中也充斥着很多无奈的逻辑。譬如，某些人的性格带有攻击性，这就意味着另一些人往往无端地遭到挑衅。如果我们想不开，看不透，对所有的“攻击”，都施之以“反击”的话，那我们生活的环境将充满火药味，于健康何益?

忍让者，忍耐也，谦让也。我们必须看透的一点是，社交过程中产生什么矛盾的话，双方可能都有责任，但作为当事人应该主动地“礼让三分”，从自己方面找原因。忍让，实际上也就是让时间、让事实来“表白”自己。在社交中取忍让的态度可以让很多事情“冷处理”，可以摆脱相互之间无原则的纠缠和不必要的争吵，这使我们想起了歌德的“一笑法”。

有一天歌德到公园散步，迎面走来了一个曾经对他作品提出过尖锐批评的批评家。这位批评家站在歌德面前高声喊道：“我从来不给傻子让路！”歌德却答道：“而我正相反！”他一边说，一边满面笑容地让在一旁。歌德的幽默避免了一场无谓的争吵。有了歌德这样的看得透，想得开，就可以避免各种矛盾冲突，也可以消除自己的恼和怒。从某种意义上说，它既可以为自己摆脱尴尬难堪的局面顺势下台，又能显示出自己的心胸和气量。

俗话说，“不如意事常八九”。期望爱情甜蜜者，难免有失恋的苦恼；一向和谐的家庭，也短不了“马勺碰锅沿”的争吵；被认为可信赖的朋友，偶尔的误会竟产生隔膜；为事业而奋斗拼搏，也许遭到平庸者的嫉妒……生活中的这些个“不如意”常常检验着一个人的修养水平：看得透人生中的“气”的人，泰然处之，从容对待，以真诚化干戈为玉帛；看不透或是看破的人则怒形于色，耿耿于怀，因褊狭积小怨为仇端。学会忍让，这看似极简单的事儿，却有化解你生活中各样烦恼的神力，而使你人生路上充满信心、愉快和阳光。

忍让是一种眼光和度量，能克己忍让的人，是深刻而有力量的，是有雄才大略的表现，也是真正读懂生活、看透生活的人。

“要是自私的人想占你的便宜，就不要去理会他们，更不要想去报复。当你想跟他扯平的时候，你伤害自己的，比伤到那家伙的更多。”这话很耐人寻味。

一个“忍”字，从古至今一直散发着神奇的光芒。古今中外，几乎所有的成功者都看透并牢记“忍为高”这句话。

马尔辛利刚任美国总统时，指派某人做税务部长。当时有许多政客反对此人，他们派遣代表前往总统府进谒马尔辛利，要求他说明委任此人的理由。为首的是一位身材矮小的国会议员，他脾气暴躁，说话粗声粗气，开口就把总统大骂了一番。马尔辛利却不吭一声，任凭他声嘶力竭地骂着，最后才极和气地说：“你讲完了，怒气该可以平息了吧！照理你是没有权利这样责问我的，不过我还是愿意详细地给你解释……”

这几句话说得那位议员羞惭万分，但总统不等他表示歉意，就和颜悦色地对他说：“其实也不能怪你，因为我想任何不明真相的人，都会大怒。”接着，他便把理由一一解释清楚。

其实不等马尔辛利解释，那位议员已被他折服，他心里懊悔，不该用这样恶劣的态度来责备一位和善的总统。因此，当他回去向同伴们汇报时，只是说：“我记不清总统的全部解释，但有一点可以报告，那就是——总统的选择并没有错。”

没想到，向来为人们所轻视的“忍气吞声”有如此大的妙处，不发怒不但使马尔辛利的解释获得了好的效果，而且使那位议员从此悔悟，以后永远不再做出令人难堪的举动。别人故意用种种奸计，使你大发脾气，你一气之下，就会做出不理智的事情，这样无疑是自讨苦吃。欲制服一个大发脾气的人，再没有比“忍气吞声”更好的了，正所谓忍者无敌。

对于忍耐，恐怕百人百口，每个人都会有不同的看法。说到忍耐，人们首先想到的可能是默默无闻、埋头劳作的老黄牛，可能是百无聊赖、失去斗志的垂暮老人，也可能是个性懦弱、游手好闲的小青年，有这些看法的人都是没有看透人生中“气”的人。

因此，对于每个人来说，必须掌握的一门课程就是忍耐。许多人貌似强大，才干出众，可是最终却无法取得重大的成就，甚至平平淡淡过了几十年，就是因为他们缺乏忍耐精神。

忍耐并非人人都能承受。年轻人更多的是冲动、易怒、不顾一切。不论在什么时候，他们都急于证明自己比别人高出一头，迫不及待地想要打败对手，为自己的人生增添光彩的一笔。

相比之下，让怒火爆发、随心所欲地毁坏门窗是何等容易呀！困难的是，必须一而再、再而三地忍受挫败和失落，而且每次经受挫败后都必须从头开始、重新整队，找出新的策略与同盟。当我们必须面对竞争、交易、生病的时候，要有忍耐精神，就要有超人的勇气。

勇气是着手去做的能力，忍耐则是再度挑战的能力，因为每一天、每小时、每分钟都必须重新面对不确定的状况。为了能够坚持到底，必须不断重复这种状况。

我们即使是待在家里，也需要忍耐。只是，可以像幼儿般在父母亲保护下行动。就业之后，便开始面临考验，这时候，你会惊讶地发现即使言谈举止有不妥之处，也没有人为你纠正，但你却必须为自己的一切错误付出代价和承受意想不到的损失。

可以说，从这时起，你在工作上所有的成长，便由观察、研究和理解他人的态度来决定。这里所说的“他人”，是指同事、上司或顾客。因此，陈述自己的主张时，必须自我克制、慎重而有耐性。只有这样，这些人才会长久站在你的身边，你才能有一个成功快乐的人生。

8.做人争气不生气

生气就是在用别人的错误来惩罚自己，有生气的时间还不如用来好好争气。

生活中我们总能遇到很多让人生气的事情，于是我们开始想不开，开始很生气，有的时候气得吃不进饭，睡不好觉。这种人就是对人生中的“气”没有理解到位的人。可是我们总能看到有些人，他们从来都是毫不在乎，本来是一件外人看来很难以忍受的事情，他却很无所谓的样子。

这类人向来都是心宽体胖的类型，因为在他们心里想得透彻，生气就是在用别人的错误来惩罚自己，有那时间还不如做点有益自己身心健康的事，跑跑步，做做瑜伽，怎么都比跟别人生气划算。

但是还有的时候，我们会遇到一些危及到我们自信心的事情。老板明里暗里就是不想给自己涨钱，说了N多借口来表明他认为我们还不够好。有的人禁不住这种有损颜面和自信的压力辞职了，而有些人则表现的很“憨厚”，一直点着头承认自己确实还不够优秀。但是在私下里，他们开始变得“精明”了，意识到生气是没有意义的，只能让自己在短时间内老了几岁，这时候要做的只能是好好争气，用实力来讨回自己的尊严和面子，以及本该属于自己的支票。

做人就要消灭人生中的“气”，想明白做人要争气不生气，这是每个人该奉行的奋斗原则。做人要争气可以说是我们很熟悉的一句话，虽然听得多了，却不一定能搞得明白想得透彻，而且多数人都没有注意到这句话还有后半句，那就是不光要争气，还要不生气。

生活中有的人喜欢跟别人争辩，借以卖弄自己的学识，如果你不跟他争辩，他倒也不会来麻烦你，伤害你。

虽然这些人可能是一个很好的人，忠实、不说谎、不伪装，也从来不投机取巧，不做一点亏心事，更不占别人便宜。但是像这样一个好人，却一点都不受别人欢迎。他们为什么会落得如此境况呢？

原来是他们看不过别人的过错，总是像老师对待小学生一样，看见别人有一点点缺点就加以批评、指责，摆出一副道貌岸然，神圣不可侵犯的神态，甚至常常有意地夸大别人的缺点，把别人的一时疏忽或无心的过失，说成是存心不良或者行为不端。只要想一下就可以知道这种人是多么地令人可怕，到处都会激起别人的憎恶与反感。

一个人对自己要求严格，不做一点错事，这自然是千该万该、十分正确的事，但不要因此就把自己看得太高，以自己的标准来要求别人，以为别人都是笨蛋，只有自己才是圣人。

对别人的过失与错误，要宽容一点，首先要分析他们犯错的原因，可能是受到恶劣环境的影响，可能是因为他们自己认识不清，也可能只是一时疏忽，有时还可能因为求好反而犯了错误，主观上求好，而客观上犯了错误。

除了一些真正与人为敌的社会败类，应该群起而攻之外，大多数人所犯的错误都是可以原谅，也都是可以改正的。我们应该抱着真诚的态度，对别人的错误，在不伤别人自尊心的原则下，诚恳而婉转地加以解释与劝导，安慰他们的苦恼，鼓励他们改正。自己吃了亏，受了骗，只要以后小心提防，不再上当就行了，不必就因此而跟对方结下深仇大恨，应留给对方一个悔改的余地。更不必想不开，为此而把自己气得不行。

倘若一个人得罪了你，你不但不跟他计较，不向他报复，反而原谅他、宽恕他，必要时，还去帮助他，在一般的情形之下，他多半会对你十万分地感激，自己感到十二万分地惭愧，往往也会因此受了你的感化，痛改前非的。这就是一种让人敬佩的风度和修养。

做人需要点宽容精神，不要生别人的气，有时候生气不如争气。做人不能总是盯着别人的缺点不放，因为你自己也不是完美的。

9. 小不忍则乱大谋

忍小忿而就大谋。不懂得忍耐只会让你因小失大，看透人生的人会明白，多一份忍耐，世界会变得更加绮丽，多一份忍耐，生命会变得更有意义。

“小不忍则乱大谋。”这句话在民间极为流行，甚至成为一些人用以告诫自己的座右铭。这句话可以从两方面来理解，一个意思是人要忍耐，凡事要忍耐、包容一点，如果一点儿小事不能容忍，脾气一来，就会坏了大事。许多大事之所以失败，常常都是由于小地方搞坏的。另一个意思是，做事要有“忍”劲，狠得下来，有决断。有时候碰到一件事情，一下子就要决断，坚忍下来，才能成事，否则，不当机立断，以后就会非常的麻烦，姑息养奸，也是小不忍。

生活中很少能实现万事如意、一帆风顺，总有些事情是没有办法解决的，我们只能选择忍耐。“忍”是一个人品性的养成，是一个人克己的功夫，更是一个人为人处世的智慧。忍，可以发挥出令人意想不到的神奇功效。大凡成大业的人，必都有忍的能力，否则遇事便不能镇静、沉着应付。而那些一受到“刺激”便无法忍的人，是不会有所成就的。现实中为什么有那么多的人失败了，不是因为他们缺少知识和才能，而是他们的忍性差了一点，于是便与成功擦肩而过，错过了一次，可能就是错过了一生。

也许上苍从未体谅过我们的无奈，但我们仍然感激上苍，因为它让我们学会了忍耐。命运对于每个人来说常常是一种折磨，当我们身陷逆境，一时又无力扭转面临的颓势时，那我们只有在忍耐中等待命运的转机。说得透彻一点，其实忍耐就是要我们学会不做蠢事，不做那些一时痛快，过后又懊悔终身的事情。忍耐可以锻炼人的意志，更能够反映出一个人的修养。忍不是弱者的音符，它并不说明一个人软弱可欺，相反，它恰恰是强者的象征。

忍有两种，一种是思而不发，以忍制忍，忍是手段，所求是目的。一种是忍而待发，以忍求变，求人者要特别学会后一种。勾践坚韧能忍是为了灭吴兴越，忍到一定程度总有爆发的一天，如果一味地忍下去，则是性格懦弱的表现，勾践终于忍到该向吴国发难的时候了。结果正如勾践所愿，一战便把吴军杀得大败，这次卑躬屈膝的不再是越王勾践了，而是吴王夫差。勾践终于一吐胸中 20 多年的压抑。坚韧不屈的性格，忍辱负重的精神造就了春秋末代霸主。

三国时，诸葛亮辅佐刘备在祁山攻打司马懿，可司马懿就是不出来应战。诸葛亮用尽了一切手段，极尽所能地侮辱司马懿，但司马懿对诸葛亮的侮辱总是置之不理。总之，司马懿就是不出来与诸葛亮交锋，等到诸葛亮的粮食吃完了，不得不退兵回蜀国，战争就这样结束了。诸葛亮 6 次出兵祁山，每次都是无功而返，司马懿之所以不战而胜，就是因为一个“忍”字。

毕竟生活中很少有这种走投无路的、惊天动地的大事来要求我们有忍的精神，生活是由很多小事组成的，而在这些小事中，同样体现着对人生看透不看破的“忍”的处世艺术。不少人在生活中都是有敌人和对手的，大部分人对敌人和对手的讽刺或针对更是嫉恶如仇、痛心疾首，都把对手视为是心腹大患，是异己，是眼中钉，肉中刺，恨不得马上除之而后快。奥地利作家卡夫卡说：“善待你的对手，方尽显品格的力量和生存的智慧。”因此，当我们被击中的时候，也要忍耐、要沉着，甚至要冷静到因为自己被击中而暗暗叫一声好。因为仅仅是忍受他们带给你的羞辱和压力，就是很宝贵的机会，可以对你的成长起到很大的帮助。

苏轼在《留侯论》中说：“忍小忿而就大谋。”这是对人生看透但不看破的至理名言。不懂得忍耐只会让你因小失大，懂得忍耐的人会明白，多一份忍耐，世界会变得更加绮丽，多一份忍耐，生命会变得更有意义。

那么，为什么看不透、想不开，非要逞一时之强让别人也让自己都陷入困境呢？人生的路途中，总有磕磕绊绊，风风雨雨，为了辉煌的事业，为了远大的理想，我们更需要忍。固然，忍耐压抑了人性，人们常说，忍字头上一把刀。这把刀，让你痛，也会让你痛定思痛；这把刀，可以削平你的锐气，也可以雕琢出你的勇气。成功也常常是在你忍耐了常人所无法承受的痛苦后，才会突然出现的，只要你有智慧，有才干，不管忍耐多久，终究会有出头之日，而且你的忍耐力反而会使你更加富有魅力和内涵。

所以不要抱怨造化弄人，因为这一切无情的遭遇和刁难，无一不是刺激你发奋图强的因素和机会。人生总有低谷，有巅峰，只有那些能够包容，容忍一切的人，才是真正有智慧的人。走过低谷，前面就是海阔的天空。回过头来，那些在低谷里忍耐的日子，那些在苦难中挣扎的日子，那些在寂寞里执著的日子，都会显得弥足珍贵。当我们踌躇在黎明前的黑暗中长时间见不到曙光时，只要我们坚持在忍中奋斗，在忍中坚强，在忍中成长，相信总有那么一天，我们会迈向成功。

10.宽容做人，豁达成事

一个人能宽恕人家不能宽恕的，说明他身上蕴藏着非同一般的成功的潜质。

在某种情况下，忍耐是一种勉励、启迪、指引，它能催人弃恶从善，使误入歧途者走入正轨。

处处宽容别人，决不是软弱，决不是面对现实的无可奈何。在短暂的生命里程中，看透但不看破人生，学会宽容，意味着你的人生会更加快乐。

法国19世纪的文学大师维克多·雨果曾说过这样的一句话："世界上最宽阔的是海洋，比海洋宽阔的是天空，比天空更宽阔的是人的胸怀。"看来雨果不仅是一个浪漫的人，还是一个对人生理解十分透彻的人。

列夫·托尔斯泰这个名字，在人们的心中并不陌生，可是他的一些处世的方法，大家可能不甚了解。

有一次，他在长途旅行过程中，经过一个车站。由于车厢内空气比较污浊，他想到月台上去呼吸一下新鲜空气。这时，另外一列客车启动的汽笛已经拉响，忽然一位女士从列车车窗里，对正在漫步行走的托尔斯泰喊道："老头儿！老头儿！我的包忘在候车大厅里了，赶快替我取过来。"

原来，这位女士把伟大的作家托尔斯泰当成了车站上的搬运工。

这也不能怪那位女士，因为他简朴的衣着与平和的神态实在不像个大作家，听到女士的"吩咐"以后，托尔斯泰赶忙跑进候车室替这位女士找到了提包，并以百米冲刺的速度，跑到女士就坐的列车旁，将包递给了她。

"谢谢啦！这枚硬币是赏给你的。"女士感激地说着。托尔斯泰恭敬地接过女士赏赐的硬币，瞧了瞧，装进了衣服的口袋里。

那位女士没有认出托尔斯泰，可是她身边有个男旅客却是托尔斯泰作品的爱好者，他大声地对那位女士说："太太，您可知道您赏钱给的人是谁吗？"女士说："他不是车站的搬运工吗？"身边的男士不可思议地看着那位女士说："搬运工？他可是著名的作家列夫·托尔斯泰呀！"

女士吃惊地张大了嘴巴惊叫道："噢！上帝，我这是做了些什么呀！"她大声地叫回刚要离去的托尔斯泰，急忙解释说："托尔斯泰先生！请看在上帝面儿上，别和我计较！把硬币还给我吧，我怎么可以付小费给您呢？实在是不好意思，这是多么愚蠢的行为啊！"

托尔斯泰平静地说："太太，您干吗这么激动？您又没做什么坏事！这枚硬币是我挣来的，我得收下。"

发车的汽笛再次响起，列车缓缓开动，带走了那位惶惑不安的女士。托尔斯泰拿出衣袋里的硬币，紧紧地握在手里，微笑着目送列车渐渐远去。

宽容是一种良好的心理素质，宽容是一种敏锐的洞察力。具备这种可贵的人生态度，就意味着你的事业将走向顶峰、家庭会被幸福围绕；具备了这种良好的心理素质，面对同事的批评，朋友的误解，你就不会反唇相讥，争吵不休，伤了和气，毁了形象；具备了这种敏锐的洞察力，你就能够体会到那些"患难之交"、"亲朋好友"、"金玉良缘"、"模范夫妻"等的相对性。其实，他们之间的矛盾、苦恼全都化解在宽容之中。

林肯在竞选总统前夕，他在参议院演说时，遭到一个参议院的羞辱，那参议员说："林肯先生，在你开始演讲之前，我希望你记住自己是个鞋匠的儿子。"

"我非常感谢你使我记起了我的父亲，他已经过世了，我一定记住你的忠告，我知道我做总统无法像我父亲做鞋匠那样做得好。

参议院陷入了一片沉默

他转过头来对那个傲慢的议员说："据我所知，我的父亲以前也为你的家人做过鞋子，如果你的鞋子不合脚，我可以帮你改正它。虽然我不是伟大的鞋匠，但我从小就跟我的父亲学会了做鞋子的技术。"然后，他又对所有的参议员说："对参议院的任何人都一样，如果你们穿的那双鞋是我父亲做的，而他们需要修理或改善，我一定尽可能的帮忙。但有一点可以肯定，他的手艺是无人能比的。

说到这里，所有的嘲笑化作了真诚的掌声。

有人批评林肯总统对待政敌的态度："你为什么试图让他们变成朋友呢？你应该想办法打击他们，消灭他们才对。"

"我们难道不是在消灭政敌吗？当我们成为朋友时，政敌就不存在了。"林肯总统温和地说。这就是林肯总统消灭政敌的方法，将敌人变成朋友他，两度被选为美国总统。

今天在以他名字命名的纪念馆的墙壁上刻著的是这样的一段话：

"对任何人不怀恶意；对一切人宽大仁爱；坚持正义，因为上帝使我们懂得正义；让我们继续努力去完成我们正在从事的事业；包扎我们国家的伤口。

憎恨，是一匹脱缰的野马，它出现时，我们总是听之任之，由它撒野放狂，结果让人遍体鳞伤。其实，对待憎恨，我们是不是可以看透一点？成本巨大、耗费空前的愤怒，只会伤害自已，为何不放弃呢？而宽容却可以让你获得心灵的宁静，锱铢必较的人往往不但不能获得什么，反而会失去更多。

只有怀着一颗包容的心的人才会积极乐观地对待生活，在面对困难，或是遇到危险的时候，他们能够遇难不惊，头脑冷静，凡事都以大局为重。这样的成功心态是值得我们学习和尊敬的。

11.用度量压倒脾气

想要让自己快乐你就要有个好脾气，面对别人坏脾气的怒火，就要用度量的清泉浇灭它。

说到度量我们总能想到谦谦君子，但是君子在这个社会中似乎并不多见，因为日常生活中我们要解决的事情太多了，以至于让我们变得很烦躁，脾气也大了起来，有脾气又何谈君子的度量呢?

社会中的竞争太激烈，人们的生活压力也太大，因此想有个好脾气是很不容易的，正因为这样，我们的生活中也多了许多因为臭脾气而酿成的苦果。其实脾气大、发火，很多时候不但解决不了问题，还会把事情搞得更糟糕，局面也更难以应付和处理。

唐代娄师德教育他弟弟为官待人要宽容。他弟弟说:“有人往我脸上吐唾沫，我自己把它擦去。”娄师德说:“这还不行。你把它擦去，还是违背发火人要侮辱你的意愿。我看还不如让唾沫自然干掉为好。”

公理自在人心，有时候虽然你真理在握，但却能以德报怨，化干戈为玉帛，这既是自己修养的一种体现，也能在无形之中投资一笔人情生意，这便极有可能是“一本万利”的最佳投资了。

在日常生活中，我们还会遇到这样一些人，他们常常在一些场合粗暴无礼，无端挑剔，明为己过，却要倒打一耙，推卸责任，诿过于人。遇到这样的人时，与其“以牙还牙，针锋相对”，还不如看透一点，让微笑和“沟通”作为解决的方式。如果能做到宽以待人、以德报怨，任何不愉快的事都将迎刃而解。

一个下午，一位顾客在滨海的一家私营饭店门前摔了一跤。酷暑盛夏，本来就热得人心烦意乱，再加上跌倒在地，丢人现眼，这位顾客怒气冲冲地闯进饭店老板办公室，大发脾气："你的什么破地板啊，滑得要命，我的腿一定摔坏了，你必须马上把我送医院检查治疗！"

老板冷静地听他说完，然后说："先生，实在抱歉，腿伤得厉害吗？请您先稍坐一下，我马上就和医院联系，叫辆的士把你送去。"

老板立即派秘书到外面叫了一辆车，和秘书一起扶着那位顾客来到车前，然后又拿出一双拖鞋让顾客换上。

"请您换上这双拖鞋，我已经和医院联系好了，现在就送您去。"

医院就诊检查后的结果是，腿部无异常发现，一切正常。

老板拿着医院的检查报告单对那位顾客说："没有发现什么异常情况，真是万幸。走，回饭店休息休息，喝杯冷饮解解暑。"

此刻，那位顾客才对自己的做法感到有点内疚，并解释说："地板刚冲过水很滑，实在危险，我只是想提醒你注意一下，别无它意。"又为自己找台阶下说："这次摔倒的是我，要是摔倒了上年纪的人怕就麻烦大了。"

老板拿来已修好的鞋子说："请不要见怪，我们冒昧地请人修了你的鞋子。据鞋匠说，鞋底都磨平了，若是穿着它在楼梯上滑倒，那可就太危险了！饭店门口天天有人进进出出，说实在的，您是第一位滑倒的人。"

那位顾客面带愧色，接过修好的鞋子，不好意思地说："给你们添麻烦了，实在感谢，多少修理费？我按数付钱，不能让你掏腰包。"

"哪里的话，这是对您表示的歉意，您要付钱，就见外了。"

那位顾客被老板的宽容所感动。上前紧紧握住老板的手说："请原谅我的无礼和粗鲁，真是太不好意思了！"

这位老板用宽容的胸怀和以德报怨的方法，用度量的清泉浇灭了顾客大发脾气的怒火，让这位顾客深受感动，并且在以后的日子里他们成为了莫逆之交。一次极小的人情投资便带来了如此之大的收益，这便是对人生看透不看破的好处。

第五章

功绩是浮云

——努力奋斗的人最“给力”

“给力”一词，是我们常说的“给劲儿”，振奋的意思。成功不会垂青于不知进取和学习的懒惰之人，人生要有所成就，就要看透成功实现的过程和所需要的条件，要知道，只有不停下奋斗脚步的攀登者，最后才能摘下成功的桂冠，实现自己的理想和价值，打造一个“给力”的人生。

1.成功就是无止境地学习

无止境的学习是一种永不言弃的态度，这样的人终会成功。

成大事者和平庸者在人生中最主要的差别就是：成大事者任何事情都从没有过放弃的想法，始终保持一种积极的学习习惯，以最乐观的态度去思考，用思考和学习的经验去控制和支配自己的人生。因此，他们往往是成功的。

有人总是说，不成功都是上天不给机会，环境没给造就良好的条件。很多人在这些理由下就不再去学习，而是得过且过，在满足现状中浪费着时光。我们必须认识到，你自己的人生道路怎样走，自己有着决定权，如何把握，那就看你对待人生的观念和在生活中的学习态度了。

学习指的是什么呢？又需要什么条件才能达到学习的目的呢？首先，学习机会是广泛的，包括你在生活中的每一步都有可学的东西。要从生活中学到东西，就要具备一种谦虚的学习态度和良好的心理悟性。俗话说：“水满则溢。”以一种空杯归零的态度，你还能有什么学悟不到的呢？孔子说：“三人行，必有我师。”如果你想学，在乞丐那里都有值得你学的东西，如果你不想学的话，即使在哲人面前，你也会有副不可一世的傲气。因此，看透人生的人应该认识到，学习是一个过程，是一种永不满足的求学状态。

一位禅师让徒弟装来一坛石子，徒弟装了一坛石子回来，禅师问徒弟：“装满了吗？”徒弟说：“装满了。”禅师拿些细沙顺石缝倒满后又问徒弟：“这回满了吗？”徒弟说：“这回真满了。”禅师又取些水倒进去很多，满了后问徒弟：“现在满了吗？”徒弟说：

"真的满了。"禅师又将一些干土放进去，吸水后又放进好多，禅师又问:"这次真的满了吗?"徒弟不敢回答了。禅师又说:"我还可以倒些水进去，它可能在今天真的满了，可到后来几天你再来看，它就会空下去很多，因此我告诉你，它永远都不会满的。"

这个小故事告诉我们，做人永远不要有自满情绪。其实，这个小故事放到我们这些渴望成功的人身上更为恰当。

在这个知识爆炸的时代里，你今天觉得很实用的学问在明天一觉醒来时可能就被淘汰了，在日新月异的知识翻新过程里，任何自满情绪都是导致失败的不良因素，必须看透这个道理，戒除这种不良心态，营造一种永远渴求新知识的积极学习心态，才是正确的态度。

王充，东汉时会稽上虞人，他6岁开始识字，8岁进书馆学习。他请老师讲授《论语》、《尚书》，一天能背1000多字。约15岁时王充到京师洛阳进太学深造，开阔了眼界。但太学里的学习并不能使王充感到满足。《后汉书·王充传》说他"好博览而不守章句"。即学习时不拘于经典词句，而是广读群书。由于家境贫寒，买不起书，他经常到洛阳的书肆中去看书。在热闹的街市里，他也能全神贯注，甚至暗暗背诵下特别好的词句。王充学成之后，回到故乡，一面授徒讲学，一面开始自己的著述。

和大多数文人一样，当王充感到自己在仕途上不会顺利时就专心治学，著书立说。他奋笔著书，写下了《大儒》、《讥俗》、《节义》、《政务》、《论衡》、《养性》等书。现在保存下来的只有《论衡》一书。《论衡》分30卷，85篇(现存84篇)，约30万字，这是王充从34岁开始，前后用30多年，写出的一部充满战斗精神的唯物主义哲学巨著。

这笔文化遗产，如果没有王充当时的勤奋学习，珍惜分秒的精神，就只会是"产"不能"遗"了。

有这样一种现象，我们在上中学的时候拼死拼活考上了大学，但在大学里却没有几个人能把学习知识放在第一位，在很多人眼里，上大学不过是想要一个文凭。事实上，有这种想法的人，到社会上可能会凭一纸文凭找到一份工作，但最终是很难在工作岗位上有所成就的。这就是一种没看透"功"的表现，没有真才实学就别指望会成功。

取得成功的人都明白，只有养成良好的时间习惯和优秀的学习作风，方可走向成功。

在这个世界上，谁都在为自己的成功拼搏，都想站在成功的巅峰上风光一番。但只要你看破成败就会发现，成功的路只有一条，那就是不断地学习，而这条路的确挤得很，而且成功者们认为，根本没有成功者的捷径，只有这条向远方无极点伸延的路。从根本上说，只有走在前面的才是成功者。在这条路上，没有以文化知识、实践知识、修养素质以及各种自我条件组合的能力和基本功的话，很容易在路窄的时候被人挤下去。在这条路上，人们都行迹匆匆，有很多人就是在稍一回首品味成就的时候被别人超越的。因此，看透但未看破成败的成功人士的话很值得借鉴：“成功的路上，没有止境，但永远存在险境；没有满足，却永远存在不足。在成功路上立足最基本的就是不停下学习的脚步。”

2.真才实学者必有用武之地

真才实学是走向成功的敲门砖，仅仅靠一张徒有虚名的文凭是很难适应社会的发展的。

在实践中和现实生活里都有学之不尽的东西，我们只要看透“功”，有一个积极的态度，就能够在任何情况下，获得我们需要的知识和才能，更重要的是还应从生活里汲取知识的精华来弥补自己的不足，从而走向人生成功。而这些是学校里无法学到的。

有这么两个人，他们是高中的同学，高考的成绩也不相上下，同时考入了华北某大学。但就在收到录取通知书的同时，其中一个名叫阿春的学生的母亲突患急病而入院急救，经诊断为脑溢血，虽因抢救及时老人没有生命危险，但却从此成了我们所说的植物人。这无疑给那个本不宽裕的家庭造成了重创，望着白发愁眉的老父亲和躺在特护间里的老母亲，阿春决定放弃学业，以帮老父亲维持这个家的生计。为了偿还给母亲治病欠的债，他决定去打工。

在建筑工地上，阿春起初是个苦力工，由于有些文化底子，经理有意要阿春到后勤去搞搞预算什么的，但后勤人员拿的是固定工资，收入稳定但不高，阿春就请经理把他安排在一线赚钱多点的岗位。在工作期间，阿春边干边学，不耻下问，很勤快。阿春对任何不懂的问题都向有关的师傅请教，在实践中虚心学习，在一年多的时间里他已掌握了几种主要建筑工程必备的技术。但这只是实际操作知识，阿春又利用那点有限的休息时间，购置了些建筑设计、识图、间架结构等有关书籍资料，在蚊子叮、灯光暗的工棚里学习。

偶尔与那位上了大学的同学通信，他的那位同学就在信里给阿春描述大学的生活如何的丰富多彩，信上说，大学里可以正大光明地谈恋爱，进舞厅，同学们可以到校外去聚餐、野游、喝酒。阿春写信说自己打工的条件很苦，没有机会上大学了，劝他的同学要珍惜那里优越的学习机会和条件。这位同学回信说，在大学里学习一点都不紧张，学得只要别太差，一样会拿到毕业证的。

第二年，阿春基本掌握了基建的各种操作技术和原理，渐渐由技术员提升为副经理。由于阿春的好学肯干精神以及扎实的功底，公司试着给阿春一些小项目让其去施工。由于措施得当和管理到位，阿春负责的每个项目都出色地完成了。在这期间，阿春仍没放弃学习，自修了哈佛管理学中的系列教程，还选学了一些和建筑有关的学科，准备参加自考，完善自我。

第三年，公司成立分公司，在竞选经理时，阿春以优秀的成绩竞选成功，阿春准备在这个行业中一展宏图、建功立业。

同年6月，那位上了大学的同学毕业了，由于平时学习不太刻苦，有几科考得很不理想，勉强拿到毕业证。因此，他在很多用人单位选聘时都落选了，只有一家小公司看中他，决定试用半年。由于刚毕业且在实习期，工资和待遇不高，工作条件也不理想，这位同学很恼火。由于他学习成绩不佳，且在工作中态度不端正，双方均不满意，只好挥手言别，这位大学生失业了。

此时的阿春已是拥有近千人的工程公司的经理，但他仍在远程教育网上进修和业务相关的课程。大学生找到阿春说自己的想法是要给阿春做个助手，“朋友嘛，总有个照顾。”

阿春说：“来干可以，我这里同样也只问效益和贡献，没有朋友和照顾，要拿得出真才实学，到哪儿都会得到承认，光靠朋友和照顾，那是对你以及我公司的失职，那永远是靠不住的。”

有人说，过去的时代是资本时代，由资本决定社会的发展；而现在则是知本时代，知识就是资本。知识经济时代，就需要我们改变观念，真正看透和认识功的本质，掌握真正的知识，有了知识才能创造财富，走向成功。如果你学不到真正的知识，就等于失去了生存竞争力。

3.活到老学到老

“活到老学到老”这种人生态度，囊括了人生各阶段的方方面面，只有不断地学习，不断地在知识上充实自己，才能不被快速发展的社会所淘汰。

物竞天择，适者生存。我们从小到大都在竞争中长大，从校园里的考试，到社会上的职位晋升，竞争已经成为我们生存和进取的动力。只有接受现实，积极参与竞争，才能充分发挥你的生存智慧。一个人要想在社会中增强自己的生存之本，就要看透人生成败，就要在知识与能力上永远富有竞争力，在社会变革中，与时俱进，适应生存环境，取得人生成功。

“教育应当是终生进行的”，“活到老学到老”，这些观点直到今天仍然是适用的。

学校是人生学习的第一站。在那里，我们所学习的不光是科学文化知识，还有伦理道德，为人处世。毕竟校园里所学到的东西都是理论，很多毕业后面对复杂社会的人都感叹："这大学白读了，没有一样能在社会上用到。"但事实上，他们忽略了最重要的一点，那就是我们十几年的教育最重要的贡献就是，我们学会了如何"学习"。这里的学习可不再是"师传我受"，而是一种能自我独立学习的思维和方式，这对我们一辈子的人生之路都是受益无穷的。很多人认为，只有学生才应该学习，事实上，学习已经不再拘泥于学生群体，它应该发生在我们每个人的身上以及人生的每个阶段。

青少年要不断地学习，成年人同样要不断地学习。目前，成人教育的形式与内容十分丰富。有夜校，有进修，有培训。从学习语言、管理、计算机到美食烹调、插花艺术、瑜伽训练直至积极态度的培养等不一而足，这些学习都是我们智慧生存所必须的内容。只有看透这些，不断地在知识上充实自己，才能不被快速发展的社会所淘汰。

而很多人并没有看透这一点的重要性。有的人大学里学的专业不好，毕业后只好找个不太需要专业技术的工作来做。这些人中一部分聪明的人知道这样不是长久之计，就在私下里学习一门专业或技术的知识。而另外一部分人则工作的时间不卖力气，不工作的时间就吃喝玩乐。结果可想而知，几年后或十几年后，那些聪明的人或是已经步入高薪行列，或是已经从事了一份"铁饭碗"工作，而那些不懂得提升自己的人则还处在人人都可以代替他的低级职位。

这就是学习与不学习的差距。生活需要我们不断学习，社会更需要我们不断学习。

在纽约，大多数的雇员都需要接受再教育和再训练，让他们学习新的知识和新的技能。要求人们必须不断地对自己的工作重新定位，以适应瞬息万变、高速发展的现代经济。

在北京，因为北京奥运会，所有的出租车司机都在学习英语，因为他们知道，不会一种国际性的语言，作为出租车司机，在北京这个国际性大都市里迟早是要被淘汰的。

在深圳，一些做技工的青年下班后会骑车到14公里外的深圳电子大学去上课，电子厂阅览室每晚都坐满了来学习的青工。还有的工人干脆要求停薪3个月，去广州科技培训中心学习。因为他们知道，没有先进的技术是迟早要下岗的。

在上海，很多白领丽人在一天的繁忙工作后，还要拖着疲惫的身子去学习瑜伽，去练习普拉提，在家里学习如何煲一碗营养靓汤。难道她们不累吗?是的，她们是累，但她们知道，不好好学习养生之道，很快就会有岁月的痕迹爬上脸庞，很快她们的身材就会走进发福的行列。

从这些我们可以看透,"活到老学到老"这种态度已经囊括了人生各阶段的方方面面,不放弃学习,不放弃一种竞争意识,何愁不能给自己的命运定位?所以我们应该认识到进取者是创造命运,保守者是等待命运,后退者是幻想命运、抛弃了命运。进取者是在逆境中成长、是横空超越命运,保守者是受制于逆境、局限于命运,后退者是顺从于逆境,投降于命运。学习让我们永远"先进";学习让我们永远"时尚";学习让我们永远"年轻";学习让我们成为自己的主人,社会的主人,时代的主人。

人,只要不安于现状,不停止于现状,不哀叹于现状,去学习、去奋斗、去进取,成功早晚都会垂青于你。

4.奋斗打开梦想的钥匙

想功成名就,就要用奋斗的金钥匙打碎梦想的乌托邦。

一个约定俗成的看法,说美国人尤其善于向自己的梦想积极努力。无论遇到多么大的苦难和不幸,无论多么穷困潦倒,他们都有一个积极乐观的心态,始终相信好日子在后头。他们非常善于做梦,比如:商店里的学徒梦想着自己开店铺当老板;工厂里的女工梦想着有一个幸福的家庭;地位卑微的人梦想着手握重权,被人仰慕。站在保守的角度讲,可以把这些凭空想来的东西叫"非分之想",但从另一个角度却可以说,这种"非分之想"是对成功的一种向往和渴望。现代社会尤其尊重这种"非分之想",因为正是这种积极的观念和态度,引导了很多人走向成功。

当无线电发明之前,航行在大海上的船只一旦遇到惊涛骇浪,只能孤军奋战,九死一生。后来，无线电发明了，遇险船只可以通过电波发出求救信号，船员的生命可以因为及时的援助而得到拯救。这得归功于马可尼惊人的梦想。

人类所具有的种种力量中，最神奇的莫过于梦想的能力，可以说这些梦想是人类的先锋。对世界最有贡献、最有价值的人就是那些目光远大、有先见之明的梦想家。

美国黑人运动领袖马丁·路德·金有一篇著名的演说叫《我有一个梦想》。在这篇激情洋溢的演说词中，马丁·路德·金酣畅淋漓地阐述了他对未来的渴望。那的确是一篇令人憧憬的远景图画——不论白人还是黑人都享有不可让渡的生存权、自由权和追求幸福权，在佐治亚州的红色山岗上，昔日奴隶的儿子能够同昔日奴隶主的儿子同席而坐，亲如手足。

这幅图画经过很多具有民主思想的进步人士的努力，终于用行动换来了今天的现实。

伟大的人物都懂得，想成功就要让梦想和行动步调一致。

美国国务卿康多莉扎·康迪·赖斯9岁那年，父亲带她去华盛顿游玩，并在白宫美国总统的办公桌前拍照留念。9岁的赖斯一脸庄重地对父亲说："总有那么一天，我会在这里面工作的。"

这是一个黑人小女孩在1963年的一个大胆的梦想。赖斯的曾祖父母是黑人奴隶，可是赖斯的确有理由有这样一个梦想。大约在40年后，她真的在白宫拥有了自己的一席之地，并且发挥着举足轻重的作用。美国总统布什骄傲地宣称："国务卿是'美国的脸'，世界将从赖斯身上看到美国的力量、仁慈和风度。"

所以，要将梦想变为现实，一定要做3件事：第一，在思想上要把人生中的成功看透，但不可看破；第二，集中精力，全力以赴；第三，将目标变为现实。

然而，一个人在追求梦想的过程中通常做不到第一点，也就是思想意识不到位、想不透，其实任何成功和梦想的实现都是要靠持续奋斗的。这种人在梦想的时候，也就是说当他对自己的未来进行勾画时，常常处于一种亢奋的状态，因为他的理想蓝图是凭借主观愿望而进行的，而虚构的东西往往都有强烈的主观色彩。李渔在《闲情偶寄·结构》中说："传奇之事，或古或今，有虚有实……虚者，空中楼阁，随意构成，无影无形之谓也。"这里的"空中楼阁"指的是脱离实际和理论或虚构的事物，亦称"乌托邦"。

“乌托邦”这个词早期出现在英国摩尔的著作《乌托邦》中，这是一种不具现实性的理想，后来，人们常用“乌托邦”来形容一些虚构得很美好但不能成为现实的事物。

在今天，我们身边就有很多“乌托邦”的人，也就是一个人没有看透成功的实现过程，只知道梦想而没有奋斗，因此，梦想只能成为永远的乌托邦。当然，这个“乌托邦”也是可以实现的，只要你把成功的实现过程看透，那就是人们在虚构理想的时候，也要考虑到它的可操作性，接下来便是不断地奋斗。如果积极行动起来，个人头脑中的“乌托邦”变成事实就不成问题。

5.人生需要进取

古今成大事者，他们永远保持进取，所以他们不断地拥有成功。

有些人的人生字典中没有“放弃”这个词，失败不只是暂时的挫折，失败还是一次机会，它说明你还存在某种不足和欠缺。找到它，补上这个缺口，你就增长了一些经验、能力和智慧，也就会离成大事越来越近。看透人生的人会明白，世界上真正的失败只有一种，那就是轻易放弃，缺乏进取。

当一个人看透了人生和成败后，就会明白成功的机会不是等来的，很多时候都是靠自己不断地进取创造来的。

巴尔塔是一位木匠的学徒，当他被派去做衣橱时，他的周薪只有400美元。完工后，他看到客户对他善于利用空间以及他的手工品质很满意时，巴尔塔没有满足于这点小成就，他想透了，想有所成就就不能让成功来找自己，而是要主动作准备迎接机会。于是他想到了一个主意，他用从第一位客户那儿赚到的工资，开了一家加州衣橱公司。

巴尔塔就凭着当时深受欢迎的“将拥挤的衣橱，转变成能有效利用的空间”的需求，在12年内就把自己的公司扩大成为全美拥有100多家加盟店的大企业。也引起其他衣橱制造业者一窝蜂跟进，巴尔塔便在1989年，将他的公司以1200万美金的价格卖给了威廉斯索诺马。

正是巴尔塔的进取精神才让成功的机会垂青于他，正是进取的精神使他获得了大成功。其实，我们应该知道，一个人的进取有时候也不光是为了最后成就的结果，它也是一种自我丰富和进步的过程。

艾美是一家公司的行销策略人员，她看准了被该公司视为失败的一项产品：白雪洗发精。它是一种价格低廉，而且不含添加剂的洗发精，这种洗发精没有华丽的包装，但却能吸引那些对价格很敏感的消费者。于是她决定为“白雪”全力以赴并将它推销给公司管理层，并告诉他们“白雪”的价值所在。最后，公司管理层接受了她的提议，而“白雪”也成为该公司销售最好的洗发精之一。

由于“白雪”热销一事，艾美成为该公司一家分公司的负责人。于是，她研创了一系列新的护发产品，而这些产品最后也都成了市场的宠儿。如今艾美已成为布瑞尔通讯公司的执行副总裁，该集团所从事的正是市场行销服务。由于她不断地以她的个人进取心为公司引进更多更好的产品，故她得到今天的职位可说是名副其实。她的公司同样也了解她愿意提供超过她应该提供的服务，哈佛商业学校也颁给她“马克斯和柯恩卓越零售奖学金”，而《美金和意识》杂志称许她为“前一百名商业职业妇女”。不断追求进取的习惯使艾美获得认同、进步和选择工作的机会，赢得了生存的优势。

不能看透或是看破成败的人很容易随意放弃自己的目标，这不但是不能实现自己理想的问题，也是一种对自己的人生不负责任的态度。你对自己都不负责任，还有谁能对你负责任呢?因此，你一定要想透这个道理，不断用新目标来刺激自己的进取心。欲成大事者都应该时刻保持这样一个良好习惯。如果你既想成大事，又不想保持这样的习惯，那么你的梦想就永远无法实现！

6.磨炼自己的攀登意识

当你看透人生时，你会领悟到，人的一辈子就是面对和克服前行路上那无穷无尽的逆境的过程，我们就如逆水行舟，只能进，不能退，成功总会属于那些不停下脚步的攀登者。

习惯于保持攀登的人都是勇敢的人，其行为习惯中必定注入了永不止息的意志，并决定他能够实现自己的目标。

在通往成功的人生征途中，有这样3种人：刚开始就放弃的失败者，坚持不下来的半途而废者，和坚持到底的永不放弃者。

有的人从一开始就惧怕困难，因此，他们拒绝前行，成为永远的落伍者。而第二种人可能经受了很大的挫折才获得他们现在的地位，他们现在所拥有的东西也是通过努力奋斗才获得的。但不幸的是，恰恰由于那种逆境，最终使他们开始权衡危险和收获，他们觉得付出太大，收获又太小。这样，半途而废者放弃了继续攀登，他们像放弃者一样停止了。另外还剩下一种人，那便是永不言弃的人。和另外两种人相比，这类人也遭遇逆境，也面临坎坷，但他们并不惧怕和气馁，他们在困难中奋然前行，永不言败。当然，他们的代价是很大的，谁都不会掩饰这一点，但他们的收获同样也是很大的。至于那些胆怯懦弱的放弃者和遇难而退的半途而废者，他们将付出比永不放弃者更大的代价，他们将不会知道自己能干什么以及能完成什么，他们对自己未来的可能性不会有任何的认识。

人生如逆水行舟，不进则退。人生的过程就是面对和克服前行路上那无穷无尽的逆境，这种逆境像潮水一样不断向他们涌来。他们在经历了比放弃者和半途而废者多得多的逆境之后，将继续前进。攀登如同逆水游泳，它要求我们永不停止，它要求我们不断向前冲击。

纵观成功者的足迹，我们可以看到，许多成功者都是永不放弃的攀登者，他们明白，要想成功就永远不能放弃，在不懈而无畏的奋斗中，成功自然会来到身边。

你听过海耶士·钟士的事迹吗?他是1960年跨栏比赛的风云人物，他赢得一场又一场的比赛，打破了许多纪录，真是轰动一时。他顺理成章地被选为参加当年在罗马举行的奥运会的选手，参加110米跨栏比赛，全世界都认为他能赢得金牌。

但是，出乎意料，他并没有得到金牌，只跑了个第三名。这当然是个极大的挫折，他的第一个想法是:“怎么办呢?我或许该放弃比赛。”要再过4年才会有奥运会，而且他已经赢得所有其他比赛的跨栏冠军，何必再受,4年更艰苦的训练?看来唯一合理的出路是退出比赛，并开始在其他事业上寻求发展。

这当然非常合乎逻辑，但是海耶士·钟士却不能安于这种想法。“对自己一生追求的东西，”他说，“你不能够事事讲求逻辑。”因此他又开始了训练，一天3个小时，一个星期7天。在尔后几年里，他又在60码和70码跨栏项目创造了一些新纪录。

1964年2月22日，在纽约麦迪逊广场花园，钟士参加60码跨栏赛。赛前他曾经宣布这是他最后一次参加室内比赛。大家的情绪都很紧张，每个人的眼睛都看着他。他赢了，平了自己以前所创的最高纪录。钟士跑完，走回跑道上，低头站了一会儿，答谢观众的欢呼。然后1.7万名观众都起立致敬，钟士感动得流泪，很多观众也流下眼泪来。一个曾经失败的人仍然继续坚持下去，他不放弃，而爱他的人们就爱他这一点。

他参加1964年东京奥运会，在110米栏赛中跑出13.6秒的成绩，得了第一名，他终于赢得了金牌。

后来他在一家航空公司工作，担任业务代表。他自愿协助推广所在城市的体能训练计划，他的活动获得了极为了不起的成果。

有一次，他对一群年轻人演说，吟诵了加拿大作家塞维斯的诗句：

孜孜不倦会为你赢得胜利，

临阵逃脱不是好汉。

鼓起勇气，放弃毕竟是太容易，

抬头继续前进才是难题。

海耶士·钟士的故事使人想起歌德的话：“不苟且地坚持下去，严厉地驱策自己继续下去。就是我们之中最微小的人这样去做，也很少不会达到目标。因为坚持的无声力量会随着时间而增长到没有人能抗拒的程度。”

对于所钟爱的事业的执著追求与绝不放弃，不仅是对一个人意志的考验，更是一个成功者所具备的对成败看透但不看破的一种生存智慧。正是这种智慧，让人们能够以顽强的意志和力量，战胜各种各样的困难，直达胜利的目的地。

7.业精于勤而荒于嬉

古人早已看透勤者可成事，惰者可败事。这是不容置疑的。

俗语说，成事在人，可见，人们看透了成败。一项事业，人是最根本的因素。凡事有因必有果，你用什么样的态度来付出，就会有相应的结果回报你。看透了这一点你就会明白，如果以勤付出，回报你的，也必将是丰厚的成就。所以，养成勤的习惯，对于每一个想成功的人来说都是必需的。

有人将人生比作一段旅程是因为人生的艰难曲折，人在旅途上，他的目的不仅仅是游山玩水，他还肩负着人生的使命，他要向前走，不停地去体味人生的意义，无怨无悔地走完人生之途。旅途上的食粮是勤奋，没有它，一个人不能在人生路上走很远，即使能走远，也是碌碌无为的，走了很长的路，却依然两手空空，肚子里没有粮食又能干下去什么呢？只有拥有勤奋的习惯，才能走好人生的路，获得事业的辉煌。无论是多难的事，勤奋的习惯都可以让你做到。你要看透，圣贤不是天生的，都是勤奋习惯造就的。

南宋的思想家、教育家朱熹，从小就立志要做孔子那样的人。在他读书时，一天上午，先生有事外出，没有上课，学生们高兴极了，纷纷跑到院子里的沙堆上游戏、打闹。不大的天井里，欢声笑语，沸沸扬扬。这时候，先生从外面回来了。他站在门口，望着这群天真活泼的孩子们“造反”的情景，摇摇头。猛然，他发现只有朱熹一个人没有参加孩子们的打闹，他正坐在沙堆旁，用手指聚精会神地画着什么。先生慢慢地走到朱熹身边，发现他正画着《易经》的八卦图呢！从此，先生更对他另眼相看了。

朱熹这样好学，很快便成为一个博学的人。10岁的时候，他已经能够读懂《大学》、《中庸》、《论语》、《孟子》等儒家典籍了。孟子曾说：“人人都可以成为尧舜那样的人。”当朱熹读到这句话时，高兴地跳了起来。他自言自语地说：“是呀，圣人有什么神秘呢？只要努力，人人都能够成为圣人啊！”

高高在上的圣人其实并非可望而不可即。治学之跻，就如同登山，唯有攀登不辍，才能一步步靠近峰顶。

“一览群山小”的圣人们的成功其实亦是由勤奋得来的。

不管你是一个凡人，还是一个圣人，你必须看透，“勤”在你成为圣人的努力过程中，始终不可缺少。世上成功之事，缺了勤奋的习惯，就会变得不易实现，如果有了勤奋的习惯，成功也就不会太难了。

伟大的劳动造就伟大的成功，而勤勉耕耘也就结出了丰硕的果实。

千金唾手得，一勤最难求。

有这样一则令人欣赏的小故事：

从前有一位老农，临死的时候，他把他的3个儿子召集到床前，对他们说：“我老了，我很快就要离开你们了。我不知道你们能否在我去世之后比现在过得更好，我担心将来你们会受苦，因此，在我们家的那块地里，我埋下了一坛金子，这是我一辈子积攒得来的，我死后，你们就把它挖出来分了吧。”老人去世后，他的儿子们便一齐在老人所说的土地上挖金子。然而，令他们感到奇怪的是，他们翻遍了每一寸土地，却始终没有找到那坛金子。儿子们失望了。恰逢播种的季节，带着失落的心情，儿子们将那块地进行了耕种。

几个月过去了，收获的季节来临了。由于儿子们深翻了地，地里的庄稼获得了前所未有的大丰收。儿子们此时才恍然明白了老人的用意，老人是把他看透了的人生的真知灼见以实践的方式教给孩子们啊！

勤奋是一笔价值远远超过金子的财富，金子虽然珍贵，但金子是不会失而复得的。纵然你有黄金万两，但坐吃山空，你总会有穷困的一天。唯有勤劳才是永不枯竭的财源。这一点，我们必须看透，并且应该牢牢记住。

勤能使人走向成功，聪明的人，勤而努力就能成就大事业，而比较愚笨的人，如果能以勤为本，笨鸟先飞，同样是获得成功的赢家。

你应该看明白，想透彻，勤奋实际上只是弥补你自己某一方面缺陷的良药。

爱因斯坦小的时候，有一次上制作课，老师要求每个人做一件小工艺品。课堂上老师让学生们把他们的制作拿出来，一件一件地检查。当老师走到爱因斯坦面前时，他停住了，他拿起爱因斯坦制作的小板凳(那可不是一件成功的作品)问爱因斯坦：“世上难道还有比这更坏的小板凳吗？”爱因斯坦以响亮的回答告诉老师说：“有！”然后，他从自己的小桌里拿出了一只板凳，对老师说：“这是我做的第一只。”

一个手并不巧的人最后仍然可以成为一个伟大的科学家，不巧的手因勤奋而显得举足轻重。

自身的缺点并不可怕，可怕的是缺少勤奋的习惯。

自身之拙，可能会成为我们成功路上的障碍。但伟人、名人就是在克服障碍后得到桂冠的。即使是太行、王屋二山那么大的障碍也会被我们用愚公移山的精神，用勤奋一点点地挖掉，如果我们始终不放弃理想的话。在勤奋面前，再艰巨的任务都可以完成，再坚固的山也都会被“移走”；只有保持踏实勤劳的习惯，才能获得真正的成功。

要想成就一番事业，一定要守住“勤”字，戒掉“懒”字，懒惰是人的本性之一，稍不留神就会流露出来。所以，想成就一番事业就要看透并不看破成败，时刻提醒自己，“成事在勤，谋事忌惰”。因为人生短暂，懒惰就如自杀。勤奋的人瞧不起懒惰的人，心灵的恬静是勤奋的人始终追求的，而懒惰的人却是始终沉湎于肢体的舒适之中。

怕吃苦、怕受累是懒惰者的症状，一无所得、受人嘲笑是懒惰者的下场。

一个人只有养成勤奋的习惯，才能在事业上获得成功。很多人总想找一条通向成功的捷径，当众里寻他千百度之后，最后看透，只有“勤”字，是成功的要诀之一。

自古以来，唯有勤奋才是无往不胜的成功秘诀。头悬梁、锥刺股，凿壁借光，闻鸡起舞……无不体现着一个“勤”字。想成功的人就要看透此理，养成勤奋的习惯，唯有如此，才会在成功之路上一往无前。

8.阳光总在风雨后

“世上无难事，只怕有心人”。我们如果能看透这一点就会发现，世界上再难办到的事情，只要人们用心去做，总有一天会成功。

俗话说，不经一番寒彻骨，哪得梅花扑鼻香。在自我实现的道路上，总是充满了各种考验，受挫和失败是难免的。我们必须看透这一点，不要天真地认为人生就像在校园里那样，事事一帆风顺。

多年以前，英国劳埃德保险公司曾从拍卖市场买下一艘船。

这艘船有着丰富的经历，它在1894年下水，在大西洋上138次遭遇冰山，116次触礁，13次起火，207次被风暴扭断桅杆，尽管经历了那么多的磨难，但它从来没有沉没过。劳埃德保险公司看到它不可思议的经历及在商业上带来的可观收益，最后决定把它从荷兰买回来捐给国家。

不过，这艘船虽有那么多的经历，但使它名扬天下的却是一名来此观光的律师。当时，他刚打输了一场官司，不幸的是他的委托人也因此自杀了。尽管这种情况比较常见，既不是他的第一次失败辩护，也不是他遇到的第一例自杀事件，但是，每当他遇到这样的事情时，一种负罪感便会久久地萦绕在他的心头。他曾经想了很多办法，但一直不知该怎样安慰这些在生意场上遭受了失败的人。

那一天，当他在萨伦船舶博物馆看到这艘船时，忽然产生了一种想法，让那些失败的人们来参观这艘船不是更好吗？于是，他就把这艘船的历史经历记录了下来，并获得了这艘船的照片，他把它们一起挂在他的律师事务所里。以后，每当商界的委托人请他辩护的时候，无论最后的情况怎样，他都建议他们去看看这艘船，看看它的不平凡的经历。

俗话说：“世上无难事，只怕有心人。”我们如果能看透这一点就会发现，世界上再难办到的事情，只要人们用心去做，总是有可能成功的。这也就是所谓的坚持就是胜利。在大海上航行的船没有不带伤的，即便是屡遭挫折，却还能够坚强地、百折不挠地向前航行，这就是成大事者成功的秘密。

不论做什么事，如果不坚持到底，半途而废，那么再简单的事也会功亏一篑；相反，你如果能抱着锲而不舍、持之以恒的精神，再难办的事情也会迎刃而解。当然，并不是所有的坚持都会取得胜利。比如，我们做一件事，虽然你尽了最大努力，没有一丝松懈，但迎接你的却仍是失败。这时，请你不要懊悔。因为你尽管是失败者，但只要你努力去做好你应做的事，只要你尽了自己的力量，那么即使失败，你也是个强者。

有一部电视剧，剧中有一个片段：一位聋哑人在参加伤残人运动会时，因为搀扶一位摔倒的老者，而落在了最后，但是他依旧顽强地跑完了全程。这时，场外的观众发出了热烈的掌声，那掌声是对他顽强精神的鼓励，更是对胜利者的欢呼！虽然他听不到，但他的脸上却分明显示出胜利者的喜悦。因为他毕竟凭着自己不懈的努力取得了成功。

苏联著名作家奥斯特洛夫斯基在半身瘫痪、双目失明的情况下，写出了不朽的著作《钢铁是怎样炼成的》；美国女作家海伦从小双目失明，耳朵又聋，但是她凭着坚强的意志，成了著名的文学家。

万事贵在坚持。一个人具备了坚强的意志、耐心和恒心，他就取得了成功的一半，那么成功的另一半在他的顽强努力下也就不难获得了。

9. 一分耕耘，一分收获

“点石成金”并不难，其实它就在我们的生活里，在你勤奋的工作中。

成大事者都看透了“有一分耕耘，就有一分收获”的道理，因为春种秋收，这是自然界的发展规律，也是做事、成就事业的一个规律。凡事要成功，必须经过艰苦的奋斗，只想享受，不知勤奋，必将成为成就大业的绊脚石，这是人所共知的；只有养成勤劳的习惯，一分耕耘才会有一分收获。

“点石成金”，讲的是创造神奇的方法。千百年来，不知道有多少人希望自己有此异能。“点石成金”并不难，其实只要你看透不看破人生成败，它就在我们的生活里，在你勤奋的工作中。

有位富人自己当年没有优越的物质条件来接受良好的教育和培养各方面的文化素养，但他靠着白手起家成就了一番事业，通过牺牲自己个人的舒适生活为孩子们留下了一大笔产业。但临终时，他忏悔道：“在他们的教育和职业训练方面，我花费的金钱与心血太少了，他们从来不知道缺钱花是什么滋味。本来，再没有人能像我的儿子们这样有条件成为正直而受人尊敬的人，但是结果又怎样呢？一个是医生，可是没有病人找他看病；一个是律师，可是没有一个客户；第三个经商，可是从来不到自己的账房去看看经营情况如何。我苦口婆心地劝说他们要兢兢业业，要节俭，要积极要求上进，但是他们把我的话当成了耳边风。他们怎么回答？‘没必要，爸爸，我们永远不会缺钱。你赚的钱足够我们几个花的了。’”

这个例子就是要我们看透，兢兢业业地工作，你就会拥有灿烂辉煌的幸福生活。

在整个宇宙中，除了人以外都不存在游手好闲的东西，所有的事情都在根据自身的规律永不休止地运行着。

“世界上最伟大的法则就是工作”，工作使有机的事物缓慢而有条不紊地朝着自己的目标前进。生活没有其他含义，这就是自然的法则，任何地方一旦停止活动，就一定会后退；我们一旦不再使用自己某个部分的器官，它就开始衰退。只有那些我们正在使用的东西，大自然才会赋予我们力量，而那也是我们唯一能支配的东西。

勤奋工作的习惯才是点石成金之术。而那些出类拔萃的人物，那些奉勤勉为金科玉律的人们，将使整个人类因为他们的工作而受益。再也没有什么比做起事来磨磨蹭蹭更能阻碍一个人成功的了——它会分散一个人的精力，磨灭一个人的雄心，使我们只能被动地接受命运的安排，而不是主动地去主宰自己的生活。

“有工作可做、有生活目标的人是幸福的:他已经找到了自己应该做的事情并且会继续做下去。就像一条流淌的运河，某种高贵的力量在苦涩贫瘠的盐碱地开凿了它。而一旦开凿，它就会如同一条很深的河流一样日夜不停地向前流去，把又咸又苦的盐碱水从草根的底部清洗掉，把蚊虫肆虐的沼泽地转变成郁郁葱葱的草地，上面流淌着清澈见底的小溪。在我看来工作本身就是生活。也许除了从工作中得来的知识，你没有其他有价值的知识，其余一切所谓的‘知识’其实不过是种种假说罢了。”

许多人赞叹事业有成者的成就，他们哪里知道，当自己安然入梦时，那些事业有成者还在努力工作呢！

工作！它使人眼睛明亮，使人面色红润，使人肌肉结实，使人头脑敏锐，使沸腾的血液在全身循环，使脚步轻盈健康。工作是治愈很多身体疾病的灵丹妙药，工作还会使消化不良减少，总之，工作着的人是更健康的人。

勤勉工作的人是幸福的，而工作是所有成就和文明的秘密所在。

我们必须看透，无论何时何地，脱离了劳动就脱离了现实，脱离了现实的人是无法在现实中生存下去的。只有辛勤地劳动，才会有丰厚的回报。即使给你一座金山，你无所事事，也总有一天会坐吃山空的。传说中的点石成金之术并不存在，而在劳动中获得财富才是最正确的途径。你想有所收获，你的办法只有辛勤地耕耘。

10. 辛勤是水，成功是花

每个人都期望幸福，对于很多为了自己的将来奋斗的人来说，最大的幸福就是劳有所获。

幸福有很多种，有别人给的，有在别人那里拿的，有偷的，有抢的，也有自己创造的。然而，看透了人生成败你就会明白，无论是哪种幸福，都遵循着天下没有免费午餐的规律。个人奋发向上的辛勤实干是取得杰出成就所必须付出的代价；任何杰出成就都必然与好逸恶劳的懒惰品行无缘。正是辛勤的双手和大脑才使得人们富裕起来。事实上，任何事业追求中的优秀成就都只能通过辛勤的实干才能取得。没有辛勤的汗水，就不会有成功的喜悦与幸福。

真正的幸福决不会光顾那些精神麻木、四体不勤的人们，幸福只在辛勤的劳动和晶莹的汗水中。懒惰，只有懒惰才会使人们精神沮丧、万念俱灰；劳动，也只有劳动才能创造生活，给人们带来幸福和欢乐。任何人只要劳动，就必然要耗费体力和精力，劳动也可能会使人们精疲力竭，但它绝对不会像懒惰一样使人精神空虚、精神沮丧、万念俱灰。因此，一位智者认为劳动是治疗人们身心病症的最好药物。没有什么比无所事事、空虚无聊更为有害的了。一个人的身心就像磨盘一样，如果把麦子放进去，它会把麦子磨成面粉，如果你不把麦子放进去，磨盘虽然也在照常运转，却不可能磨出面粉来。只有汗水的结晶，只有辛勤的劳动才会创造出未来。

一个无所事事的人，不管他多么和蔼可亲、令人尊敬，不管他是一个多么好的人，不管他的名声如何响亮，他过去不可能、现在不可能、将来也不可能得到真正的幸福。

生活就是劳动，劳动就是生活。让我看看你能干什么，我就知道你是一个什么样的人。要知道，热爱自己的工作、尊重劳动是保持良好品德的前提条件，只有热爱工作、尊重劳动，才能抵御各种卑劣思想、腐朽思想的侵蚀，才能抵抗各种低级趣味的引诱。也只有热爱劳动、尽职尽责，才能摆脱由于沉溺于自私自利之中而带来的无数烦恼和忧愁。无论是谁，他既不可能躲避烦恼和忧愁，也不可能避开辛苦的劳动。

有些懒惰的人总想干点轻松的、简单的事情，但大自然是公平的，这些“轻松的”、“简单的”事情对于懒惰者而言也会变得很困难、很艰难。那些一心只想逃避责任的懦夫也迟早会受到应得的惩罚，因为这种人总是对高尚的、有利于公众的事情不感兴趣，于是他的私欲、各种卑劣、庸俗的念头就会在他的大脑中膨胀起来。这种人的心思本来可以用在有益的、健康的事业上，结果由于私心杂念过于膨胀，自己的心智脑力被各种各样琐屑、卑鄙，甚至是幻想出来的烦恼和痛苦白白地耗费了，许多无所用心的人的脑力也是这样白白地浪费了。

我们每个人要对自己负责，将来的生活才会充满快乐、幸福，才是成功的，而获得快乐与幸福的方法之一就是劳动。经常从事一些适宜的劳动，对每个人来说都是有益无害的。一旦离开这种经常性的、有益于身心的劳动，人们就会百无聊赖、无精打采，就会无所事事，精神萎靡不振，进而会头昏眼花，神经系统也会紊乱不堪，久而久之，身体自然会莫名其妙地垮下来，精神也会一蹶不振。我们千万不要陷入这种状态之中，战胜无聊和苦闷的最好办法就是勤奋地工作，满怀信心地劳动。一个人一旦参加了劳动，快乐自然就会来到你身边，无聊和单调的感觉就会逃之夭夭。工作，勤奋地工作；劳动，愉快地劳动，总是去干这样或那样有益的事情。

沈从文曾经长时间从事辛苦的文学创作工作。他自己在回忆这段时光时说，这种辛勤工作使我养成了勤奋、专注、有规律生活等良好习惯，这些良好习惯使我终身受益无尽。任何像沈从文这样的成功人士，相信都是勤奋努力的人。

那些勤劳的人们总是很快就会投入到新的生活方式中去，并用自己勤劳的双手寻找、挖掘出生活中的幸福与快乐。一个人要享受成功的幸福，就要用勤奋的习惯来付出你辛劳的汗水，你才会收获耕耘的快乐。

第六章

虚名是浮云

——做个“打酱油”的又何妨

名誉是一个人在生活中的价值得到公众的承认，是社会根据他的贡献馈赠给他的，不是你伸手就可以要到，用钱就可以买到，或是强求就可以得到的。如果你看透了这层道理就明白，想要拥有名誉，就要踏踏实实地做点实事，让自己变得“名副其实”。“打酱油”，也是一个网络语言，意思是不去参与那些尔虞我诈的纷争而做好自己的事情，这是一种人生的态度，既不是简单的路过，也不是单纯的看热闹，这是一种娱乐，冷眼旁观他人的喧嚣，而静静品味自己的沉默。一个人的一生，其实更多的时候就是一个“打酱油”的，他人极力去争那些虚名，我自品味我自己的生活，体会自己的小小幸福，做一个“打酱油”的又何妨？

1.不为虚名所累

看透了名气的真正意义，就不会再为虚名所累，会一切以人为本。该追求自己的人生目标，就不要被眼前的花环、桂冠挡住了前面的道路。

人活一辈子，所有人都渴望别人关切的眼神和闪亮的聚光灯，谁都想留下自己的“英名”在这世上，因此，我们都在为追求这名而不辞辛苦地上演着一出出连自己想想都会脸红的“戏”。

白天我们要在朋友、邻里、同事、客户那里演，晚上回家我们还要在老婆孩子面前演。为了这名，我们付出的太多，也太累。我们真的要这样累一辈子吗？

如果我们能站在人生的高度去眺望，你会发现，我们好像一直都活在别人的评价里，我们十分在意的名，不过是世人“授予”我们的荣誉勋章。为了这枚勋章，我们可以不择手段：炒作、宣传、炫耀，等等，这一系列行为都是为了自己在众人眼中的形象。当你看透了这一切，你会恍然发现我们所得到的名不过是一场虚名。

虚名不是虚荣，虚荣是一种内心的虚幻荣耀感，会使人脱离现实看世界；而虚名是别人加给他的一种名誉，一般来说，名与实是相符的，一个人的名声和他实际所作出的贡献是相等的。

但是，有些人获得了名誉之后，就不再发展自己的才能，也不再作出自己的贡献，这种名誉就和实际渐渐地不相符合了，也就成了虚名。

虚名会使人放弃努力，沉睡在他已经取得的名誉上，不思进取，最后将一事无成。中国古代有一个伤仲永的故事，说的就是被虚名所误的人生教训。仲永小时候是个神童，过目不忘，能吟诗做赋，被人称颂，成为一时的名人。可是仲永成名之后，沉醉在虚名之下，不再刻苦努力地学习。他渐渐地长大成人之后，就和一般人一样了，他的那些天赋、才能也都离他而去了，一生无所作为。这就是虚名可以毁掉人生的例子。

还有一些人取得名誉之后，就不顾自己的实际，拼死拼活地要维护自己的名誉，结果，早早地就被名誉累死了，这实际上是得不偿失的。

名誉毕竟是人的身外之物，虽然很重要，但是，人的生命更重要，为了追求身外之物的名誉，而影响、损害，甚至送掉性命，就是得不偿失。

我们社会上有一些人，他们常常在各种光环、名誉的笼罩下，生活得很苦很累，失去了常人生活的乐趣，总是想着自己的一言一行、一举一动都要符合自己的身份，这就像给自己戴上了名誉的枷锁，失去了生活的自由，也失去了生命的本真。

人生固然离不开名，这代表了一个人的品格和地位等。因此，我们不必认为名是人生中该被人生唾弃的东西，我们应该看透那些没有任何意义的虚名。名还是要追求的，但千万不要为虚名所累。这就需要我们在人生的道路上，踏踏实实地工作、生活、学习和奋斗，以获得属于我们自己的“名副其实”，而不是他人嘴里吹出来的“泡沫名声”。而且，我们还要注意在追求自己的人生目标时，不要被眼前的花环、桂冠挡住了前面的道路，我们应该毫不犹豫地拨开这一切身外之物，走自己的路，干自己的事，不因小成就而妨碍自己的大成功。只有这样，才能使你获得真正的名誉。

2.把名压低未必不是尊贵

学会弯腰才能顺利通过生活中意想不到的低矮“门框”而免受无谓的伤害。能够把自己的名压得低低的，才是真正的智者。

古人说得好，能够把自己压得低低的，才是真正的尊贵。可生活中有很多人就是十分在意自己的名声和尊严，喜欢时刻高昂着自己的头颅，任何情况下都不会低头，在他们看来这是做人的骨气。这股“傲气”有时候让他们受尽折磨，可是碍于面子和架子，他们也要保持一种“士可杀不可辱”的精神境界。这可以说是一种对面子和名声的没看透的行为，总之，从人生的价值上来看是不可取的行为。

很强势的傲慢和挺直的腰板并不代表一个人的尊贵，尤其是你不占理的时候，事实上，一个能看透但不看破的人在占理的时候都会很谦虚地低下头，弯下腰，不好意思地笑一笑。学会压低自己的名声是一种人生看透不看破的艺术，若要硬是强出头，只有碰壁，泰山压顶，先弯一下腰又何妨？折断了就永远断了，而弯一下腰还有挺起的机会。

一次，一位气宇轩昂的年轻人，昂首挺胸，迈着大步去拜访一位德高望重的老前辈。不料，一进门，他的头就狠狠地撞在了门框上，疼得他一边不住地用手揉搓，一边看着比他的身子矮一大截的门框。恰巧，这时那位前辈前来迎接他，见之，笑笑说：“很疼吧？可是，这将是你今天来访问我的最大收获。”年轻人不解，疑惑地望着他。“一个人要想平安无事地生活在世上，就必须时刻记住：该弯腰的时候就弯腰，该低头的时候就低头。这也是我要教你的事情。”老人平静地阐发着他的睿智。这位年轻人，就是被称为美国之父的富兰克林。据说，富兰克林把这次拜访得到的教导看成是一生最大的收获，并把它作为人生的生活准则去遵守，因此受益终生。后来，他成为功勋卓越的一代伟人。

由此想到，人生要历经千门万坎，洞开的大门并不完全适合我们的躯体，有时甚至还有人为的障碍，我们可能要不停地碰壁，或伏地而行。若一味地讲骨气、讲面子、讲名声，到头来，不但被拒之门外，而且还会被撞得头破血流。学会弯腰，该低头时就低头，把自己的“高名”压得低低的，才能巧妙地穿过人生荆棘。它是人生立身处世不可缺少的风度和修养。然而大多数时候，我们都遵循着“人往高处走，水往低处流”的人生哲学。人生总是向上的，这是人们的认识，也是人生的理念，更是众生的普遍心理。事实上，就是这个理念，毁了许多人，坑了许多人。其实这句话说的不光是人要往高处走的问题，它还提醒了世人，做人也要学一学水的哲学。是的，上帝创造的万物都渗透着他的智慧，无论是天空还是土地，抑或是我们每天都离不开的水。老子有言:“上善若水。水善利万物而不争，处众人之所恶，故几于道。”意思就是说，做人处世要像水一样。水善于滋养万物，却从来都是默默无闻的，不与万物争利，甘于将自己放低于卑洼之地，所以最接近于自然之道，也享得了人世间“肯低头的尊贵”之名。水，总是顺势而下，从不争一时一地的高低，但谁也别想任意阻其向前，谁也改变不了它归汇大海的志向!面对一切阻挡，水，或容你，或改道，或低下，最终，水成汹涌了，水成了气候，水成了世上最大的宽阔和深沉。这就是敢于放低自己的力量。

苏东坡在《留侯论》中有这样一段话:“天下大勇者，卒然临之而不惊，无故加之而不怒，此其所挟持者甚大，而其去甚远也。”这也算得上是对学会低头和弯腰的另一种注解吧。在我们的生活中，大勇者也要受到多种特殊情况的限制和影响，如人的背景、身份、地位等，想让一个身居高位的权威人士低头弯腰，是一件对别人和对他本人都不容易的事。

最近，在网上看到一个小学老师的“经历”:四年级语文单元测验，老师误将一位学生答对的题扣了分。卷子发下来，这位调皮的学生举起手:“老师，我认为这道题这样答是对的，理由是……”老师重新看后作了纠正。按说这件事就过去了，不料，一会儿这位学生又举手，以挑衅的口气说:“老师，您错了，应该向我道歉。品德课上老师就是这么说的。”顿时，教室里一片寂静，所有的同学都想看这位平时严格管教他们的女老师因尴尬“出丑”，老师也愣住了。片刻，这位老师微笑着弯下腰鞠躬说：“是我疏忽了，对不起！”教室里的学生们都为他们老师的这一举动而惊讶，而随后却响起了雷鸣般的掌声……

后来有朋友问：“你当时不觉得很没面子很窘迫吗？”她回答说：“这也没什么，虽然有点窘迫，但这一弯腰鞠躬却换来了学生们对我的恭敬，他们都比从前听话了。像这样有道德勇气的学生，很少见，我喜欢。”

她回答的话是否让你思索良久呢？尽管道歉是生活中一个再平常不过的细节，但在我们的所见所闻中，作为老师，在学生面前承认自己的错误并诚恳道歉的并不多。因为道歉对于老师来说，同样承担着名声和威信一落千丈，学生效仿“找茬儿”等风险。但是，这位老师做到了，她用自己的低姿态呵护了幼小学生心田里刚刚萌芽的异常圣洁的光芒。试想，如果这位老师坚持维护个人名声，不肯把名声放低，不能做到低头弯腰，而且还训斥学生，那她在学生心目中的名声和威信不仅不会树立，还会一落千丈。原来有时候把自己的名声放低也是一种尊贵。

3.放下虚荣

虚荣只是一种表面的荣誉、虚假的荣名。任何爱慕虚荣、幻想在别人的世界里幸福的人，永远找不回自己真正的生活，最终将被生活的浪涛淘汰。

托尔斯泰说过一句话:“没有虚荣心的人生几乎是不可能的。”此言确为至理，因为人人都有追求荣誉的欲望，只要有追求荣誉的欲望就不可能没有虚荣心。我们如果深刻地反省一下自己，就不难发现，自己平时恐怕或多或少因受虚荣心的驱使而说过一些可笑的话，做过一些可笑的事。只是有的言行无伤大雅，有的言行令人生厌，有的言行不仅未博得虚荣，反而招惹了祸患。没有看透虚荣的人可能会认为，谁没点虚荣心啊，这没什么大不了的。但如果虚荣的枷锁越来越重，把你禁锢得无法自由行动时，就不再是“没什么”的事情了。

就像《项链》里的女主角玛蒂尔德，假如她不是被虚荣的枷锁所套牢，就不会刻意去借一条珍贵的项链戴在脖子上，在华丽的舞池里，她“借”来的漂亮确实很耀眼，而为了这一刻的光鲜靓丽她付出了10年的时间，把大好青春都提前消耗掉了。这个程度的虚荣就值得人们警惕了，因为它不再是“没什么大不了”那么简单了。

虚荣就像优柔、虚伪等附着物一样，与人的本性天然地混合在一起，人为其所累又不易察觉，自己的眼睛往往看不到、看不清，更别提看得透了。但这不应该成为姑息虚荣的理由，因为虚荣让你不再纯净，其危害常在无形中影响你的一生。尽管人们都懂得虚荣只是一种表面的荣誉、虚假的荣名，可在现实生活里，却很少有人能够不为虚荣所动。

社会上有些女孩子，为了在同伴面前穿得“体面”，她们会省吃省穿地攒钱买“力所不能及”的名牌衣服；她们聚到一起就“吹嘘”各自的“富翁老爸”；为了凸显自己的魅力，就随便找一个男生当男友，但前提一定得是帅哥；为了证明自己有个性，就把当季流行的服饰套在身上，也不管是否是适合自己的……没错，人就是这样，一个羡慕的眼神会使我们神舒心悦，一句大而无当的恭维会使我们喜笑颜开，一句言过其实的赞誉会使我们沾沾自喜，一个毫无实质意义的头衔会使我们引以为荣……

许多虚荣心重的人，在得不到虚荣的甘露滋润时，便会想方设法谋取虚荣；有的人每有客来便要出示他与某名人的合影；有的人总要不厌其烦地向别人介绍他的富贵亲属；有的人常常津津乐道自己曾与某显要共进晚餐……就是有这样一些人，如果没有靠自己的品质和业绩赢得荣誉，便要借那些碰巧和自己有过点头之交、擦肩之缘的名流显贵，以及拐了十八道弯的瓜葛之亲来为自己增光添彩。但是，你要谨记毛姆所说：“靠着能向朋友谈起你认识的名人而获得的荣耀，只能证明你自己是无足轻重的。”如此看来，借他人之光虽然可以赢得一点虚荣，却并不能因此而增加自己的分量。

这就像一条普通的鱼，想证明自己的与众不同而甘愿住进鱼缸一样，它向所有大海里的同伴炫耀着它衣食无忧的安逸生活，它想让全世界的人都知道自己是多么的高贵和有魅力。可有一天它的主人断了它的食物，它的同伴要把它救回大海，可它坚持不回去，它还是很骄傲地告诉它的同伴：“虽然我饿，但我住在奢华的宫殿里，怎么样都比你们强。”后来，这只“高贵”鱼被饿死在了“奢华的宫殿”里。

生活就是这样，你最好选择在属于你自己的空间里自由翱翔。任何爱慕虚荣、幻想在别人的世界里幸福的人，永远找不回自己真正的生活，最终将被生活的浪涛淘汰。虚荣就是这样一把双刃剑，虚荣的人就如同拿利刃刺进他自己的低劣感情，而且还要把他的刀头掉转，去刺别的人。因此，凡是虚荣的人，他们周围便容易树起仇敌，他们自己在生活上也无法享受到互相帮助的快乐。

而这些虚荣的人所融合成的一种巨大的虚荣特质，也同时影响了正常的社交关系。从古至今，生活中人们重复上演着同一个故事，男人自夸是强者，女人自夸柔能克刚；富有者自夸他的财富，普通人自夸他的清高；执法者自夸权威，罪犯自夸无畏……虚荣的圈子是整个儿的，无怪敏感的诗人要说：“虚荣，虚荣，世界上一切都是虚荣！”

古往今来，不知多少哲学家和诗人都告诫我们后人，要时刻警惕自己的虚荣心，因为虚荣心就像魔鬼一样，不断地在潜移默化里危害着人类的身心健康，不但在人们的心中难以消除使个人直接受其损害，而且整个人类的文明莫不间接蒙其践踏。虚荣是魔，我们要看透这虚假的容名，要时刻警惕，看到它就把它驱赶出我们的心房，营造一个健康积极的心灵空间。

4.莫为功名失去刚正之心

对于功名不能过于追求，只要过分追求，又不能一时获取，求名心太切，有时就容易产生邪念，走歪门，让一个人失去刚正之心。

俗话说，人过留名，雁过留声。很多人都不想默默无闻地活一辈子。但是，在求取功名的过程中，我们最好还是少一点奢求，多一点超脱，该是你功成名就的时候，就不会是别人。所以，莫为尘世中的虚名遮住自己的刚正之心，最后犯下难以更改的大错。

唐朝诗人宋之问，有一外甥叫刘希夷，很有才华，是一年轻有为的诗人。一日，希夷写了一首诗，曰《代白头吟》，到宋之问家中请舅舅指点。当希夷咏到“古人无复洛阳东，今人还对落花风。年年岁岁花相似，岁岁年年人不同”时，宋之问情不自禁连连称好，忙问此诗可曾给他人看过，希夷告诉他刚刚写完，还不曾与人看。宋之问遂道:“你这诗中‘年年岁岁花相似，岁岁年年人不同’二句，着实令人喜爱，若他人不曾看过，让与我吧。”希夷言道:“此二句乃我诗中之眼，若去之，全诗无味，万万不可。”晚上，宋之问睡不着觉，翻来覆去只是念这两句诗。心中暗想，此诗一面世，便是千古绝唱，名扬天下，一定要想法据为己有。于是他起了歹意，命手下人将刘希夷害死。后来，宋之问获罪，先被流放到钦州，又被皇上勒令自杀，天下文人闻之无不称快！刘禹锡说："宋之问该死，这是天之报应。"

一个人一旦被功名利禄冲昏了头脑，便会失去了做人的理智，刚正之气便也随之消失殆尽，这时候的人往往会做出不顾后果的事情来，最后想后悔却是无门。

自古以来胸怀大志者多把求名、求官、求利当作终生奋斗的三大目标。三者能得其一，对一般人来说已经终生无憾；若能尽遂人愿，更是幸运之至。然而，任何获取都需要付出代价。问题在于，你的付出到底值不值得。为了公众事业、民族和国家的利益，为了家庭的和睦，为了自我人格的完善，做出多少有损于自己利益的事情都是值得的，否则，付出越多越可悲。我们所说的忍名让利，正是从这个意义上提出的人生命题。这不是说不让我们追求名利，不过是希望我们在求取功名利禄的过程中，少一点贪欲，多一点忍劲，莫为名利丢失了做人的刚正之性。

客观地说，求名并非坏事。一个人有名誉感就有了进取的动力；有名誉感的人同时也有羞耻感，不想玷污自己的名声。但是，什么事都不能过于追求，只要过分追求，又不能一时获取，求名心太切，有时就容易产生邪念，走歪门，失去了刚正之心。结果名誉没求来，反倒因为恶劣行径而名声遗臭万年。君子应该求善名，走善道，行善事，切莫因为虚名之争而做出违反良心的事。

小求虚名，弃君子之道，做小人勾当。古今中外，为求虚名抛弃刚正之气而不择手段，最终身败名裂的例子很多，确实发人深思；有的人已小有名气，还想名声大震，于是邪念膨胀，连原有的名气也遭人怀疑，更是可悲。

在中世纪的意大利，有一个叫塔尔达利亚的数学家，在国内的数学擂台赛上享有“不可战胜者”的盛誉，他经过自己的苦心钻研，找到了三次方程式的新解法。这时，有个叫卡尔丹诺的人找到了他，声称自己有千万项发明，只有三次方程式对他是不解之谜，并为此而痛苦不堪。善良的塔尔达利亚被哄骗了，把自己的新发现毫无保留地告诉了他。谁知，几天后，卡尔丹诺以自己的名义发表了一篇论文，阐述了三次方程式的新解法，将成果攫为己有。他的做法在相当一个时期里欺瞒住了人们，但真相终究还是大白于天下了。现在，卡尔丹诺的名字在数学史上已经成了科学骗子的代名词。

宋之问、卡尔丹诺等也并非无能之辈，在他们各自的领域里都是很有建树的人。就宋之问来说，纵不夺刘希夷之诗，也已然名扬天下。糟的是，人心不足，欲无止境！俗话说，钱迷心窍，岂不知名也能迷住心窍。一旦被迷，就会使原来还有些才华的"聪明人"变得糊里糊涂，他们的心已经被虚名的尘埃遮住了，使原来还很刚正的文化人变得既不"刚"也不"正"，做起连老百姓都不齿的肮脏事情，以致弄巧成拙，美名变成恶名。

求名并无过错，关键是不要死死盯住不放，盯花了眼。那样，必然要走上沽名钓誉、欺世盗名之路。

有时，既未沽，也未钓，更未盗，美名便戴到了自己的头顶，这又当如何呢？

还是东坡先生说得好："苟非吾之所有，虽一毫而莫取。"美名美则美矣！只是对于那些看透未看破的人，面对不该属于他的美名，受之可以，坦然却未必办得到！得到的是美名，得到的也是一座沉重的大山，一条捆缚自己的锁链，早晚会被压垮，压得喘不上气来。

5.出名不靠出风头

把出名挂在嘴边的人，都会很激进地表现自我，出风头，但结果往往是用心良苦，适得其反。

生活中很多人喜欢往自己脸上贴金，其实，名不是自己授予自己的，而是你果真有那样的实力众人授予你的，那些自吹自擂的人也能看明白这一点，但可惜他们看透名的真实意义，用心良苦却适得其反。

我们身边这种把出名看破的人特别多，他们都因此变得很激进，都想靠表现自我来出名。而看透但没有看破的人就知道，想要出名，就要既表现了自己，又不动声色，那才是高手。

高手们都习惯于用“我们”这个词，因为“我们”代表着他也参加的意思，能给人一种“参与感”，他与同事进行交谈时喜欢用“我们”而很少用“我”，因为“我”给人以距离感，而“我们”则使人倍感亲切，还会在不知不觉中把意见相左的人划为同一立场，并按照自己的意图影响他人。

真正善于自我表现的人从来没有停顿的习惯，因为停顿的语气可能被看成是犹豫，也可能让人觉得是一种敷衍、傲慢的态度，令人觉得很反感。

出风头也不算错。看透这一点会让我们明白，在当今社会，充分发挥自己，充分表现出自己的才能和优势，是为了适应时代挑战而作出的必然选择。但是，当你把这一点看破就会在表现自己的时候不分场合、形式，或是表现得太过火，使人看上去矫揉造作，一点都不自然，好像是做样子给别人看似的，那就适得其反了。

刻意地出风头自我表现是愚蠢的。如果我们不过是要在别人面前表现自己，而使别人对我们感兴趣的话，我们将永远不会有许多真实而诚挚的朋友。

刘丰是一家大公司的高级职员，工作积极主动，待人热情大方。但是有一天，一个小小的动作却使他以前的形象在同事眼中一落千丈。

当时在会议室，许多人都等着开会，其中一位同事发现地板有些脏，便主动拖起来，而刘丰一直站在窗台边往楼下看。突然，他急步走过来，要那位同事把手中的拖把给他，同事不肯，可刘丰却执意要求，那位同事只好把拖把给了他。

刘丰把拖把接到手刚过一会儿，总经理推门而入，正看到他拿着拖把勤勤恳恳、一丝不苟地拖着。从此，大家再看刘丰，顿觉他虚伪了许多。从前的良好形象被这个小动作丢得一干二净。

在工作中，往往有许多人对出名的理解出现了偏差，因而不善于掌握热忱和刻意表现出风头之间的区别。他们总把一腔热忱的行为搞得像是故意装出来的，也就是说，这些人只会刻意表现自己，而不是真正的热忱。

许多人在谈话中不论是不是以自己为主题，总是有显示自己、表现自我的毛病。这种可能被人误认为具有辩才，但是也可能被认为是口无遮拦显得轻浮，等等，最终总会暴露出他的自我显示欲而使别人产生排斥感和不快情绪。

其实，想出名是人类天性中的一个。人类喜欢表现自己就像画眉喜欢炫耀声音一样正常。但是你最好不要把这一天性看破，看破后的刻意表现会使人感到做作、虚伪，最终的效果与表现的初衷往往适得其反。

6.有时候要放下名

很多人把名声看得比命还重要，要知道很多时候自尊心太重会束缚住自己的手脚，禁锢自己的思想，为自己的前途和发展蒙上一层阴影。

名声和生命到底哪个更重要?相信每个人都有自己的见解和看法。中国古代有"贫者不受嗟来之食，志士不饮盗泉之水"的典故，历来为人所称道和赞扬。这种气节固然让人钦佩，但随之而来的结局却让人惋惜，其实这种做法有些极端。毕竟人的生命只有一次，为了那点可怜名声而殒命，实在有点不值。

做人固然不能不要尊严，但是不要钻了牛角尖，要知道很多时候自尊心太重会束缚住自己的手脚，禁锢自己的思想，为自己的前途和发展蒙上一层阴影。自古以来，放下名声来做人处世的不乏其人，即使是闻名天下的司马相如也不例外。

汉代的大辞赋家司马相如出川漫游，以一篇《子虚上林赋》闻名四海。博雅之士无不以结识司马相如为荣。但司马相如放任不羁，又不治生业，一派浪荡公子相。

有一年，司马相如外游归川，回来的路上路过临邛。临邛县令久仰司马相如之名，恭请至县衙，连日宴饮，写赋作文，好不热闹。

此事惊动了当地富豪卓王孙。卓王孙原是赵人，秦人移民时迁来临邛，以冶铁致富，家有万金，奴仆千人。听说来了个才子司马相如，也想结识一下，以附庸风雅。但他仍摆脱不了商人的庸俗，故而实为请司马相如，但名义上却是请县令王吉，让司马相如作陪，司马相如本看不起这班无才暴富之人，所以压根儿没准备去"陪宴"。

到了约定日期，卓王孙尽其所能，大排宴席。县令王吉因平日依仗卓王孙钱财之事甚多，所以早早就到了，但时辰早过，司马相如却没有来，卓王孙如热锅蚂蚁一样，王吉只好亲自去请。

司马相如正在高卧独饮，驳不过王吉面子，来到卓府。卓王孙一他的见穿戴，心中早已怀瞧不起之意，心想自己是要脸面之人，请来的却是这样一个放荡无礼之辈。

司马相如全然不顾这些，大吃大嚼，只顾与王吉谈笑，早把卓王孙冷在一边。

忽然，司马相如听到内室传来凄婉的琴声，琴声不俗，司马相如一下子停止了说笑，倾耳细听起来。

卓王孙原被冷在一边，讪讪地无意思，但见琴声吸引住了这位狂士，于是夸耀说这是寡女卓文君所奏。司马相如早已痴迷在那里，忙请求让卓文君出来相见。卓王孙经不住王吉撺掇，派人唤出卓文君。

司马相如一见卓文君，两眼直勾勾愣在那里，他万万没想到这俗不可耐的卓王孙竟有这般美丽高雅的女儿。于是要过琴来，弹了一曲《凤求凰》向卓文君表达爱意。卓文君心里明白，爱慕司马相如的相貌和才华，当夜便私奔到司马相如住处，以身相许。经过商量，两人一起逃回成都。

卓王孙知道后，气得暴跳如雷，又是骂女儿不守礼教，又是骂司马相如衣冠禽兽，发誓不准他们返回家门。

卓文君随司马相如回到成都后才知道，她的夫君虽然名声在外，但家中却很贫寒。万般无奈，他们只好返回临邛，硬着头皮托人向卓王孙请求一些资助。不料，卓王孙破口大骂:“我不打死这个没出息的丫头就算便宜她了，还想要我接济，一分钱也不给!”

夫妇俩听说父亲的态度如此坚决，心都凉了半截儿，可是眼下身无分文，日子可怎么过呢?到底司马相如有“才”，很快想出了一个“绝招”。

第二天，司马相如把自己仅有的车、马、琴、剑及卓文君的首饰卖了一笔钱，在距卓府不远的地方租了一间屋子，开了一个小酒铺。

司马相如穿上伙计的衣服，卷起袖子和裤腿，像酒保一样，又是擦桌椅，又是搬物件;卓文君穿着粗布衣裙，忙里忙外，招待来客。

酒店刚开张，就吸引了许多人来。这倒不是因为他们卖的酒菜价廉物美，而是前来目睹这两位远近闻名的落难夫妇。司马相如夫妇一点也不感难堪，内心倒很高兴，因为这正好达到了他们的目的——给顽固不化的老爷子现现眼。

很快，临邛城里人人都在议论这件事，有的对这一对夫妇表示同情，有的责备卓王孙刻薄。卓王孙毕竟是一位有身份、有脸面的人物，很爱面子，十分顾忌流行一时的风言风语，居然一连几天都没有出门。

有几个朋友劝卓王孙说:“令爱既然愿意嫁给他，就随她去吧。再说司马相如毕竟当过官，还是县令的朋友。尽管现在贫寒，但凭他的才华，将来一定会有出头的日子，应该接济他们一些钱财，何必与他们为难呢?”

这样一来，卓王孙万般无奈，分给卓文君夫妇仆人百名，钱财百万，司马相如夫妇大喜，带上仆人和钱财回成都生活去了。

卓文君与司马相如的爱情故事，千百年来一直被民间所津津乐道地传诵，其一是缘于这对郎才女貌的恩爱夫妻冲破封建礼教的束缚，追求爱情的自由幸福;其二是夫妇俩当垆卖酒，以放下面子来换得万贯家财，可谓是名利双得，哪管时人评说。

正所谓死要名声活受罪，假如司马相如夫妇把名声看得太过重要，太注重面子的话，他们也只能清苦度日了。相反，他们却是看透不看破的智者，抓住了卓王孙爱面子的特点，巧用心机，渡过难关，让自己过上了富足的生活，也为历史留下了一段千古佳话。

7.荣誉不可强求

看透荣誉的人就会顺其自然，不强求一世虚名和荣誉。

荣誉是一个人在生活中的价值得到公众的承认，是社会根据他的贡献馈赠给他的，不是你可以伸手要到的，看透了这个道理，你才能够最终获得荣誉。

没看透名誉的人，不通过自己的努力就想得来，投机取巧，蒙混过关，虽然会得一时虚名，招摇过市，但终有一日会因这种虚名被人戳穿而狼狈不堪，东郭先生就是这种人的代表。

赫尔墨斯是古希腊神话中天神宙斯的儿子，是专管天下商业的神灵，就像中国的财神爷一样，他想考证一下他自己在人间百姓中的地位有多高，就来到人间。一天，他化装成顾客来到一家雕刻店，指着宙斯的头像，问店主："这个值多少钱？"店主告诉他值7赫拉。他又走到自己的头像前，心想，我是商业的主管神，价值一定比宙斯的高，于是他又问道："这个值多少钱！"店主指着宙斯的像说："假如你买那个，这个就算是添头，不要钱，白送。"赫尔墨斯本来想听听人们对他的赞赏，想了解一下自己在人间的地位有多高，也就是想知道他的荣誉怎么样，没想到碰了一鼻子灰，讨了个没趣，只好灰溜溜地走了。

宙斯的荣誉是天神的功绩决定的，顶天立地，世人皆知，赫尔墨斯就想超过他，获得比他还高的荣誉，那是不自量力，自取其辱。

还有一些没有看透的人，为了追求荣誉，不顾自己的死活，玩命地奋斗，不分白天和黑夜，最后虽然获得了自己想要的名利荣誉，但是自己生命也耗完了，真不知道人活着到底是为了什么，是为了别人的赞赏和支持吗？为了追求虚幻的东西而失去了实在的生命，这对每一个追求成功的人来说都是不可取的。

实实在在地生活，该做什么事就做什么事，不要为了一个虚名而活，也不要强求人家怎么看你，只要你作出了自己的贡献，只要你活得有价值，对别人有好处，你自然就会获得一定的荣誉。如果为了荣誉而活，那你就会感到活得很累，活得失去了自己，活得没有了快乐，所以，看透这一切的人就会顺其自然，不强求一世虚名和荣耀。

8. 舍弃现有光环，获得更多光彩

忘记你已经拥有的名誉和光环，才能使自身感到轻松，没有任何压力，也才能站在新的高度，去取得更大的成功。

一个人的一生会有很多光环，也就是很多漂亮的名誉。多数时候我们都会抱着已经拥有的名誉洋洋自得，甚至有时候忘记了迈开步伐继续前进，这也是很多人在拥有了一次“震耳欲聋”之后就变得悄无声息的原因。再从问题的实质上看，就是他们没有看透那些已经成为历史的名誉，在现在乃至以后的人生中都意味着什么。

全球第二大软件公司“甲骨文”的行政总裁、世界第四富豪艾里森在美国耶鲁大学300周年校庆上发言，说了一句让所有人记住的话：“所有哈佛大学、耶鲁大学等名校的师生都自以为是成功者，其实你们全都是loser(失败者)，因为你们以在有过比尔·盖茨等优秀学生的大学念书为荣，但比尔·盖茨却并不以在哈佛读过书为荣。”

这番话令全场听众目瞪口呆。至今为止，像哈佛、耶鲁这样的名校从来都是令几乎所有人敬畏和神往的，艾里森也太狂了点儿吧，居然敢把那些骄傲的名校师生称为loser。但是还没完，艾里森接着说："众多最优秀的人才非但不以哈佛、耶鲁为荣，而且常常坚决地舍弃那种荣耀。世界第一富比尔·盖茨，中途从哈佛退学；世界第二富保罗·艾伦，根本就没上过大学；世界第四富，就是我艾里森，被耶鲁大学开除；世界第八富戴尔，只读过一年大学；微软总裁斯蒂夫·鲍尔默在财富榜上大概排在十名开外，他与比尔·盖茨是同学，为什么成就差一些呢？因为他是读了一年研究生后才恋恋不舍地退学的……"

艾里森接着"安慰"那些自尊心受到一点伤害的耶鲁毕业生，他说："不过在座的各位也不要太难过，你们还是很有希望的，你们的希望就是，经过这么多年的努力学习，终于赢得了为我们这些人(退学者、未读大学者、被开除者)打工的机会。"

艾里森的话当然偏激，但并非全无道理。几乎所有的人，包括我们自己，经常会有一种强烈的"身份荣耀感"。我们以出生于一个良好家庭为荣，以进入一所名牌大学读书为荣，以有机会在国际大公司工作为荣，不能说这种荣耀感是不正当的，但如果过分迷恋这种仅仅是因为身份带给你的荣耀，那么人生的境界就不可能太高，事业的格局就不可能太大。当我们陶醉于自己的所谓"成功"时，我们已经被真正的成功者看成了失败者。真正的成功者能令一个家庭、一所母校、一家公司、一个省份、一个国家乃至整个人类以他为荣。

有一位老师，已经年过半百了，在学术上的成就其实相当小，可他总是不忘提他当年的辉煌：他曾经是国内某著名大学某著名学者的弟子。他在那两个令人肃然起敬的名字——他的荣耀里生活了大半辈子，傲视众生，却无所作为，到最后连本带息一起吃光。

人生是被一个又一个亮点照亮的，而为了创造新的亮点，你就需要随时忘记你正在拥有或曾经拥有过的光环，这样才能获得更多的光彩和亮点。

第七章

权势是浮云

——懂得放下的人生不“杯具”

“杯具”，跟“洗具”类似，是“悲剧”的谐音。很多人的一生，就是一个不停的追求权力的过程，但是权再高也不过是站在普通人的肩膀上，与世间万物一样，物极必反，盛极必衰。看透了这些，不为官，我们就不会强求官权，更不会让我们的子女为仕途而求学；为官，就要居高自省，放下身段低调做人，通晓进退之理。

1.看轻权势才能立于不败之地

物极必反，盛极必衰，权力也是这样。看轻权势，才能立于不败之地。

人应该坚守住自己的志向，不为一时的个人权欲所左右，才能真正地抵制权势的引诱，也就逃避了灾难。

霍去病的弟弟霍光可以说是汉代功臣，但他死后后代却招致株连九族之灾。司马迁说:“霍光辅佐汉朝皇帝，可以说是很忠诚的，但是却不能保护他的家族，这是为什么?这是因为权威、福分是君主的东西，臣子掌握它，长期不退，很少有不遭到灾祸的。”可见，霍光的悲惨下场是因为他没有把权势看透，不知道权势是盛极必衰之物，还开心地把权都揽在自己手里。

对于权势应该看透，不可过贪，应该克制这种占有权利的欲望，不让它盲目膨胀，忍耐住不去落入争权夺利的陷阱，为长远利益着想。

当然，对于权势每个人的想法和态度不同，但无论何种态度都应该建立在看透的基础上，要知道权势不一定能够给人带来幸福，所以，不要去争权夺势，而是忍耐住自己对权力的渴望，在事业成功时全身而退。

张良是汉高祖平天下的功臣。公元前201年，刘邦江山坐定，册封功臣。张良面对所享封邑，推辞说:“当初我在下邳起兵，同皇上在留县会合，这是上天有意把我交给您使用。皇上对我的计策能够采纳，我感到十分荣幸，我希望封留县就够了。”

张良回到封地留县后，潜心读书，搜集整理了大量的军事著作，为当时的军事发展，作出了重要的贡献。

汉王朝的江山虽然已经巩固，但统治集团内部的明争暗斗仍然十分激烈复杂，稍有不慎，就会卷进残酷的政治斗争中，轻则落得身败名裂，重则身首异处。张良把这一切看透，不但在处理各种复杂问题上，表现出过人的智慧，在功成名就时不贪功，不争利。张良放弃权位，他用这种明智的抉择保全了自己。

追求权势地位，本来无可非议。立于天地之间，把自己的聪明才智贡献给社会，从中获得社会的公认，而得到名利、地位也是应该的，只是不要单纯为了贪图求名利地位而不惜一切地去追求。这是一种对待权势看透不看破的智慧。

名利地位竞争中的忍，就是要不贪权力，不仗势欺人，不妒嫉他人的成功，不挑剔别人的不足，严以律已，宽以待人。成功了不自傲，失意了也不妄自菲薄。得宠不得意洋洋，受辱也不惊慌失措。对人生只有看轻这些权力之争，才能经得住大风大浪的考验，而战胜艰难困苦，立于不败之地。

2.知进退才能保全自己

一个聪明的人，应该知道居功之害。只有与人分享荣誉，才会有一个好的结局。

对于许多聪明人来说，人生的最大害处不在外部，而在自己。一旦在自己的位置上取得一些成就，就难免要居功自傲，而这样做的结果会给自己带来不利的因素。所以，一个人应该知道居功之害。古人在这方面就很注意，不论任何好事，都要守住自己的本分，知退让之机，绝对不可以功高盖主。自古以来，只有那些看透权势的人，与人分享荣誉者，甚至是把荣誉让给别人的人，才会有一个好的结局。事实证明，只有像张良那样看透其中一切，功成身退，善于明哲保身的人才能防患于未然。同样，对那些可能玷污行为和名誉的事，不应该全部推诿给别人，主动承担一些过错，引咎自责，具备这样涵养德行的人才算是完善而清高的人。

汉时代晁错自认为其才智超过文帝，更是远远在朝廷诸大臣之上，暗示自己是五伯时期的佐命大臣，想让文帝把处理国家大事的权力全部委托给自己。这正是功高震主的表现。唐宣宗初即位，看到功高权重的李德裕，心里忌惮，很不平衡，以至头发被汗水浸透了。这与汉大将军霍光为汉宣帝护卫车乘，而宣帝严惮心畏，像有芒刺在背有什么区别?功劳高了，人主震慑，这样的功臣当然会有自我矜傲的表现。

而韩信可谓功高盖世，其声名显赫位高震主，但却因为没有看透权，不知适时而退，最终也下场可悲。秦末韩信从项梁、项羽起义，为郎中。其献策屡不被采用，投奔刘邦，被萧何荐为大将。楚汉战争时期，韩信献计“明修栈道，暗渡陈仓”，出奇兵占领关中。后来，刘邦与项羽相持于荥阳、成皋间，他被委为左丞相，领兵破魏、代，平定赵、齐，被封为齐王。后与刘邦会于垓下，击灭项羽。汉朝建立，改封楚王。因受人诬告谋反，降为淮阴侯。陈豨叛乱时，有人告韩信与其同谋，欲起兵长安，被吕后诱杀未央宫。

避免功高震主就要知进退之势。要知进退，以下几条必须牢记在心：

（1）要守法

从历史上看，循吏最易保全。《史记 · 循吏列传》中，司马迁所说的循吏，就是遵循法规，忠实执行命令，能知时务识大体的臣子。

后世人以为只有慈爱仁惠、和善愉快，以仁义为准则的官吏，才称得上“循吏”，那就大错特错了，首先应该是遵守法令，严格地约束自己，这才是循吏的作为。

在现代社会里，你对团体的贡献再大，也不能凌驾于纪律之上，不因功高而藐视纪律，循规蹈矩才会得到同事和下属的爱戴和支持。

（2）公私分明

即不把自己的私利参与在自己所执掌的权力中去加以实现。《论语》中有“巍巍乎，舜禹之有天下也，而不与焉”，即舜和禹真是很崇高啊，贵为天子，富有四海，但一点也不为自己。把自己的私利参与在政事之中是很不廉洁的举动，似乎可得一时之利，但最终为人们所厌恶，他的功劳再多，苦劳再大也终会抵消。

领导最忌讳自己的下属利用公务之便为自己谋取私利，自私自利的人也不得人心。

（3）忌不长久

古人说："日慎一日，而恐其不终。"如果身居高位时一天应比一天更谨慎，如同行走在危险的高崖之上。所以，位置越高，权力越大，更应该注意自己平时的言行。

（4）忌不胜任

古人说："懔乎若朽索之驭六马，栗栗危惧，若将殒于深渊。"即身居高位所面临的危险惊心动魄得就像以腐朽的缰驾驭着六匹烈马，万分危惧，所以千万不要居功自傲，要时时谦让，功成身退，可得善始善终。

（5）不拥兵自重

在古代，功高的臣子如果能够主动交出兵权，那么对君主的威胁就减少了，所以"不重兵"，就是自我裁军，以求自保的意思。

（6）多请教

古人说，三人行必有我师。作为你的上司，他必然有其独到之处，所以一旦在做事之前一定要主动向你的上司请教，探听他的意见，这样在办事时就有所凭借。

以上几点建议，不仅适用于封建官场，也适用于与我们息息相关的工作当中，懂得进退的做人策略，才会求得发展。

3. 锋芒毕露祸事多

锋芒就是刺，不懂隐藏而把它们露在外面，必然会伤人伤己。

在电视剧里或是现实生活的工作中，我们不难见到这样一些人：不管做什么事，总想表现自己，让所有的人都知道他很有才，很聪明。他们或许才华横溢，但他们往往都不是成功者，甚至还不如平庸之辈。究其原因，就是没有看透职权。要知道，过分显露自己，一则会遭人嫉妒；二则不能融于集体，与他人搞好关系，谁也不会喜欢和一个锋芒毕露的人共事；三则让他人有危机感，认为你有抢功之嫌

李广，一生与匈奴大战70多次，是汉朝的一位令匈奴闻名丧胆的大将，为国家立下汗马功劳，可就是这样一位建立了丰功伟绩的人最后却以自刎结束了自己的生命。他的悲惨命运是他才华的锋芒毕露，和功成名就后不懂得藏锋所致。他在战场上与将士同甘共苦，在生活中，更是视军士如子弟，很是受军民的爱戴。老子曰：“揣而锐之，不可长葆。”意思是兵器太锋利了就容易折断。李广的弊病就是没看透官场和权势，凡事都锋芒毕露，不知韬光养晦，加之他心胸狭窄，不能容人，最终死于非命，实在可惜！众所周知，杨修为曹操主簿，博学能文，才思过人，但他的一身才华还没有用到真正的地方时就被一代奸雄曹操给杀害了。究其原因也是他没有看透官场，在不适当的时候让自己的才华过于暴露，不懂得适时藏锋。

一个人有锋芒也不是坏事，但这锋芒要露得是时候、是地方，才能变成事业成功的利器。但纵观所有锋芒毕露的有才华的人，总是一副趾高气扬、不可一世的傲相，做事争先，行事高调，喜欢把自己的聪明外露，更易为点小功而骄傲。但要知道，一

束带刺的花纵使让人喜欢，但更会让人为之远离，所谓物极必反，锋芒可以刺伤别人，也会刺伤自己。

把职权看透的人都懂得藏锋露拙，待时而动，自己的才华与锋芒平时都含而不露，当需要时，适时地显露自己的才华，成就一番大事，在成功后懂得急流勇退，舍得功名利禄。所谓“花要半开，酒要半醉”，当你志得意满时，且不可趾高气扬、目空一切、不可一世，要战胜盲目骄傲自大的病态心理。凡事不要太张狂、太咄咄逼人，让才华含而不露，适可而止，有所节制，在有效地保护自我后，又能充分发挥自己的才华，这才是生活中的一条重要原则。

4.适当示弱更易得人心

示弱是一种巧妙的做人方式，如果你看透了职权就要注意平时小名小利应淡薄些，疏远些，应当分出一部分名利给那些暂时处于弱势中的人。

人的内心深处都有一种同情或扶助弱者的潜意识，也就是怜悯之心。因此，看透职权就不可处处逞强，否则会让众人敬而远之。如果你能看透不看破，懂得示弱，懂得做适度的“退”，那么，你将很容易走进别人的心扉，获得他人的好感和帮助。

示弱是做人看透不看破的一种形式，也是“以退为进”的策略。

曾有一位记者去拜访一位政治家，目的是获得有关他的一些丑闻资料。然而，还来不及寒暄，这位政治家就对想质问的记者制止说：“时间还长得很，我们可以慢慢谈。”记者对政治家这种从容不迫的态度大感意外。

不多时，仆人将咖啡端上桌来，这位政治家端起咖啡喝了一口，立即大嚷道：“哦！

好烫！”咖啡杯随之滚落在地。等仆人收拾好后，政治家又把香烟倒着插入嘴中，从过滤嘴处点火。这时记者赶忙提醒：“先生，你将香烟拿倒了。”政治家听到这话之后，慌忙将香烟拿正，不料却将烟灰缸碰翻在地。

平时趾高气扬的政治家出了一连串洋相，使记者大感意外，不知不觉中，原来的那种挑战情绪消失了，甚至对对方产生了一种亲近感。

这整个的过程，其实是政治家一手安排的。当人们发现杰出的权威人物也有许多弱点时，过去对他抱有的恐惧感就会消失，而且由于受同情心的驱使，还会对对方产生某种程度的亲密感。

在为人处世中，要使别人对你放松警惕，造成亲近之感，只要你很巧妙地、不露痕迹地在他人面前暴露某些无关痛痒的缺点，出点小洋相，表明自己并不是一个高高在上，十全十美的人物，这样就会使人在与你交往时松一口气，不以你为竞争对手。

故意示弱可以减少乃至消除不满或嫉妒。事业的成功者，生活中的幸运儿，被人嫉妒是难免的，在一时还无法消除这种社会心理之前，用适当的示弱方式可以将其消极作用减少到最低程度。

如果你看透了权就会明白，示弱能使处境不如自己的人保持心理平衡，有利于交际时掌握主动。

在人的一生中，必须善于选择示弱的内容。如果你是一个看透职权的人就应该在地位低的人的面前不去展示自己的学历，表明自己实在是个平凡的人。成功者在别人面前多说自己失败的纪录，现实的烦恼，给人以“成功不易”、“成功者并非万事大吉”的感觉。对眼下经济状况不如自己的人，可以适当诉说自己的苦衷，诸如健康欠佳、子女学业不妙以及工作中诸多困难，让对方感到“他家也有一本难念的经”。某些专业上有一技之长的人，最好宣布自己对其他领域一窍不通，袒露自己日常生活中如何闹过笑话、受过窘等。至于那些完全因客观条件或偶然机遇侥幸获得名利的人，更应该直言不讳地承认自己是“瞎猫碰上死老鼠”。

示弱可以是个别接触时推心置腹的交谈，幽默的自嘲，也可以是在大庭广众之下，有意以己之短，补人之长。

示弱有时还要表现在行动上。自己在事业已处于有利地位，获得了一定的成功时，在小的方面，即使完全有条件和别人竞争，也要尽量回避退让。如果你看透了职权就要注意平时小名小利应淡薄些，疏远些，因为你的成功已经成了某些人嫉妒的目标，不可以再为一点微名小利惹火烧身，应当分出一部分名利给那些暂时处于弱势中的人。

5.放下权利的架子

权是高，但要看透权。再高也是站在普通人的肩膀上，与其洋洋自得，不如放下身段，平和处之。

很多人之所以只选择不放弃，只知进不知退，根本原因是他们没把人生看透，放不下面子和架子。暂时的退后，无疑会招来非议或嘲笑，而他们的面子容不得半点嘲笑，只有一味地勉强硬撑下去。但是，暂时退却，养精蓄锐，等待时机，这样的退后再进会更快，更好，更有效，更有力，在某些时候，退一步路更宽。

一位留美计算机博士学成后在美国找工作。有个吓人的博士头衔，求职的标准当然不能低。结果，他连连碰壁，好多家公司都没录用他。想来想去，他终于把他的头衔想透了，也把人生和这个社会看清楚了，他决定收起所有的学位证明，以一种“最低身份”去求职。

不久他就被一家公司录用为程序输入员。这对他来说简直是大材小用，但他仍然干得认认真真，一点儿也不马虎。不久，老板发现他能看出程序中的错误，不是一般的程序输入员可比的。这时他才亮出了学士学位证书，老板给他换了个与大学毕业生相称的工作。

过了一段时间，老板发现他时常提出一些独到的有价值的建议，远比一般大学生要强，这时他亮出了硕士学位证书，老板见后又提升了他。

又过了一段时间，老板觉得他还是与别人不一样，就对他“质询”，此时他才拿出了博士学位证书。这时老板对他的水平已有了全面的认识，毫不犹豫地重用了他。

这位博士最后的职位，也就是他最初理想的目标。直线进取失败了，后退一步曲线再进，终于如愿以偿。看来看透人生，退后一步，有时候更有利于自己前进的步伐。

以退为进，由低到高，这是生存竞争的一种方略。跳高，离跳高架很近，想一下子就跳过去并不容易。后退几步，再加大冲力，成功的希望可能更大。人生的进退之道就是这样。

这个博士的办法是聪明的，他先降下“权利”的身份和架子，甚至让别人看低自己，然后寻找机会全面地展现自己的才华，让别人一次又一次地对他刮目相看，他的形象慢慢变得高大。如果刚一开始就让人觉得你多么的了不起，对你寄予了种种厚望，可你随后的表现让人一次又一次地失望，结果会被人越来越看不起。这种反差效应值得任何人注意，别人对你的期望值越高，越容易看出你的平庸，发现你的错误；相反，如果别人本来并不对你抱有厚望，你的成绩总会容易被发现，甚至让人吃惊。

许多刚从学校毕业的年轻人，看不透这层理，往往希望从一开始就引人注目，夸耀自己的学历、本事和才能，即使别人相信，形成心理定式之后，如果你工作稍有差错或失误，就会被人瞧不起。试想，如果一个本科生和博士生做出了同样的成绩，人家会更看重谁呢？人家肯定会说本科生了不起。你博士的学历高，理应本领高些，可你跟人家一样，有什么了不起呢？心理定式是难以消除的，所以，刚走上新岗位的人，不应当过早地暴露自己，当你默默无闻的时候，你会因一点成绩一鸣惊人，这就是做人深藏不露的好处。如果交给你一项工作，你说“我保证能够做好”就几乎和说“我不会”一样糟糕，甚至更糟糕。你应当说：“让我试试看。”结果你同样做得很好，可是得到的评价会大不相同。

俗话说，退一步路更宽。这里所说的退是另一种方式的进。退是为了以后再进，暂时放弃某些有碍大局的目标是为了最后实现更大的成功。这退中本身已包含了进的含义了，这种退更是一种进取的策略，是一种以退为进的明智之举。

那位留美计算机博士的求职艺术堪称极妙，最初对理想目标追求得太迫切，反而白白增添烦恼而又不能达到目的，倒不如看透些，退而求其次，以退为进，走一条曲线成功之路。

6.莫为仕途而求学

“余不愿为大官，但愿为读书明理之君子。”

——曾国藩

封建社会中，读书求学的目的一般都是“学而优则仕”，即以读书为途径，经过科举考试进入仕途。如果有了功名，授了官职，那就志得意满，所谓光宗耀祖，门第生辉。为了能通过科举考试，天下读书人不惜放弃真正的经世致用之学，而苦心钻研枯燥空洞、毫无意义的八股文章。一旦十年寒窗苦读换来入仕前程，那些所读所学也就尽皆抛脑后，坐享人间繁华，挥霍无度了。

曾国藩并不是一个淡于权势的人，他年轻时也汲汲于功名。然而，经过名利场中的一番角逐与磨砺之后，他看透了官权，他说，读书的目的是明理，明理之后便可以成为君子、步入圣贤行列，这完全是可以靠自己的主观努力做到的。而能不能做官，能不能做大官，则有很多客观因素影响着，例如人们常说的“机缘”。故曾国藩说，“半由人力，半由天事”，这可以说是曾国藩的大彻大悟之语。

其实，曾国藩真正愿意做的是读书明理的君子。何谓君子?勤劳节俭、自我修炼、吃苦耐劳，既能过舒适的生活，又能过艰难的日子。曾国藩为官几十年，不敢稍微沾染官僚习气。在饮食起居上，曾国藩仍然保持贫民的寒素家风，极其节俭也可以，略为丰厚也可以，不过他始终不敢太奢华。不是他无力奢华，而是他不愿奢华，并以此要求自己，示范后辈。可见曾国藩绝对是个对官权看得透彻的智者高人。

他在家书中多次说“不重其为仕宦起见”，他告诉弟弟读书不可以不多，用功不可以不勤，切不可时刻为了达到科名仕宦的目的着想。如果不能识透这层道理，即使在科举考试中名列前茅，取得显赫的仕宦官位，也终究算不上先辈的贤德孝顺的后代，算不上我辈的功臣。若能识透这层道理，那他就异常地钦佩。

他告诫儿子纪泽、纪鸿不可从军、不可为官。他说："行军打仗本非我所长，兵贵奇而我太平，兵贵诈而我太直，岂能惩办滔天之敌？此前虽然屡次得胜，但那纯属侥幸，是我所有想到的。你们长大以后，千万不要涉足军界，因为军界难于见功，易于造孽，尤其容易留下被千秋万代所攻击的事实。我久处其间，天天如坐针毡。唯一无愧于心，不忘所学的，就是片刻不忘爱护百姓之意。近年阅历愈多，深谙统兵之苦。你们唯当一意读书，不可从军，亦不必做官。"

就像曾国藩说的那样，在治家之中，不能因为为官了，这就说他是孝顺的、贤良的；没有能进入仕途，不能光耀门庭的就说他是不孝。个人的贤良与否，要看他的品德行为，而不是看他能带来什么功利的利益。一个人为官、发财、成名，生活得很荣耀，并不能说是尽孝。曾国藩在家书中说："澄弟常以我升官得志，便说我是孝子贤孙，殊不知这并非贤德孝顺。如果以升官得志为贤德孝顺，那以李林甫、卢怀慎之流，何尝不是一人之下、万人之上，显赫一时的人物，岂不可以说得上是孝子贤孙吗？"

曾国藩在外做了大官给父母祖宗争了光，并经常慰问家中的老人，给家中寄钱、寄药等，按说应该可以以孝子自居了，但他不是这样认为的，他仍然非常惭愧在其祖父病重的日子里自己不能在老人面前亲侍羹汤，分他人之劳。曾国藩生活在科举取仕的时代，他并未把功名视为身外物，功名是对一个人能力的肯定，切不可视为一种高高在上的“礼”数，更不可为了官权而求学。

7.退却不是做人的弱

有退有进，不是懦弱的象征，而是一种生存智慧。

走为上是用兵的常用策略，说白了就是退却和逃跑。当一方具有绝对的优势，而另一方没有把握胜利的时候，唯三条路可行，即投降、和谈、退却。投降是彻底的失败，和谈是失败了一半，而退却并非失败，相反是转为胜利的关键。

《三十六计》最后一计是“走为上”，原计曰：“全师避敌，左次无咎，未失常也。”今译为，全军退却，避开敌人，以退为进，待机破敌，这不违背正常的用兵法则。

走，表面看来是退却，实际是最高的战法，它具有切实的实用性，令人有“与其卖弄小聪明，倒不如退为佳”的感觉。

庄子曾讲，穷通皆乐；苏轼则言，进退自如。无论是庄子的穷通，还是东坡的进退，同指一种做事的策略。穷通是指人实际的境况遭遇，进退是指人主观的态度和行动。庄子认为，凡事顺应自然，不去强求，才能过着自由安乐的生活。苏轼认为，人只有安于时代的潮流，因任自然法则，才能进退自如，穷通皆乐。如此看来，进退即是做人的大道理、大智慧。

我们常说：“做人不要做绝，说话不要说破。”廉颇曾顽固不化，蔑视蔺相如，到最后，不得不肉袒负荆，登门向蔺相如谢罪。郑庄公说话太尽，无奈何掘地及泉，遂而见母。故俗言道：“凡事留一线，日后好见面。”凡事都能留有余地，方可避免走向极端。特别在权衡进退得失的时候，务必注意适可而止，尽量做到见好便收。

春光虽好，但总有尽时。人生也是如此，每个人都有高潮和低潮期。人无千日好，花无百日红。就像搓牌一样，一个人不能总是得手，一副好牌之后往往就是坏牌的开始。所以，见好就收便是最大的赢家。做人的真谛就在于此，与人相交，不论是同性知己还是异性朋友，都要有适可而止的心情。君子之交淡如水，既可避免势尽人疏、利尽人散的结局，同时友谊也只有在平淡中方能见出真情。越是形影不离的朋友越容易反目为仇。

古人告诫说：“受恩深处宜先退，得意浓时便可休。”即使是恩爱夫妻，天长日久地耳鬓厮磨，也会有爱老情衰的一天。北宋词人秦少游所谓“两情若是久长时，又岂在朝朝暮暮”，这不止是劳燕两地的分居夫妻之心理安慰，更应为在官场的处世之道。

8.能屈能伸才能笑到最后

胜负兵家不所期，包羞忍辱是男儿。

当你处于形势不利时，要善于忍受目前不利的环境，忍辱负重、能屈能伸才能摆脱困境，争取斗争的胜利。孙权在荆襄之战后，为了摆脱被动，采取灵活机动的战术，敢于忍辱负重，谨记“留得青山在，不愁没柴烧”的道理。

自从关羽遇害以后，东吴的孙权就预感到有一场即将来临的军事危机。特别是他的移祸之计被曹操挫败之后，确实存在着被蜀、魏两面夹击的危险。如果东吴当时只是单纯对付前来报仇雪恨的刘备，还并不是力不能及。然而，刚刚称帝的曹丕倘若同时来袭，东吴就难以招架。

在这种不利的形势下，孙权把当时的形势看得很清楚，但他也并没有破罐子破摔，而是保持头脑清醒。他为了摆脱被动，勇于忍辱负重，在政治上和外交上采取了一系列灵活的手段，斗争策略运用得极为成功。

首先，孙权为了力争避免和刘备发生军事冲突，不惜屈尊下就，向刘备“上表求和”，并作出了一些重大的让步：

（1）将孙夫人送回成都；

（2）缚还糜芳、傅士仁等降将；

（3）将荆州“仍旧交还西蜀”；

（4）与刘备“永结盟好，共灭曹丕，以正篡逆之罪”。

孙权的这些让步，就是要回到以前的策略上来，使吴、蜀重修旧好，孤立曹魏。从长远的利益来看，这样做对吴、蜀两家都有好处。

其次，当他的让步遭到刘备拒绝之后，他看到吴、蜀交兵已经不可避免，又立即对曹丕“写表称臣”，向许都伸出了屈尊求援之手。后来，曹丕曾派使者到东吴，“封孙权为吴王，加九锡”。当时，东吴的群臣百官纷纷劝谏孙权，皆认为“主公宜自称上将军、九州伯之位，不当受魏帝封爵”。但孙权却反驳道：“当日沛公受项羽之封，盖因时也；何故却之？”他不顾顾雍、徐盛等人的极力阻挠，亲自率领百官出城迎接魏使，恭顺地接受了曹丕的封爵。孙权对曹丕“称臣”，是受当时形势所迫，目的在于争得曹魏的军事援助，从而孤立刘备，恢复荆襄之战时那种以“二对一”的有利局面，即使这一上策达不到，也要争取一个中策——促使曹丕保持中立，避免两面作战的被动境地。

孙权制定策略的高明之处，就在于他能够从战略全局着眼，以政治、外交上的灵活性，力避两面受敌的不利局面，促使战略态势向有利于自己的方面转化。为此，孙权不顾一些文臣武将的阻挠，敢于放下架子，卑躬屈膝，向刘备“求和”，对曹丕“称臣”，表现出能屈能伸的男人本色。试想，孙权当时如果目光短浅，不讲策略，在不利的形势下，还像关羽败走麦城时那样硬着头皮充好汉，势必将东吴引向灭亡的深渊，更谈不到后来的猇亭之胜了。

当刘邦、项羽共同灭秦之后，汉高祖的势力不及楚霸王，曾暂时接受了项羽所授的“汉王”封号，退避汉中，积蓄力量，以屈求伸，最后暗渡陈仓，进取关中，问鼎中原，终于战胜了项羽。孙权也运用这种能屈能伸的策略，使三方斗争的力量达到了平衡，使自己变被动为主动，西胜刘备，北拒曹丕，以策略上的灵活性，为军事上的胜利赢得了时间和条件。总之，形势有利害之分，策略有刚柔之别，行动有进退之异，而真正聪明的人，就要把局势看透，但不把自己的前途和命运看破，采取灵活措施。而常常笑道最后的人，也是最光荣的人。

9.居高应自省

自己明明有才能、有见地，却要深藏不露，经常反省自己的愚钝，这其中隐含着看透不看破的人生哲学。

人一旦出头了，发达了，除了自己容易得意忘形之外，同时也容易成为众人注目的焦点，被人品评，被人臧否。看透这一点你就要明白，越是春风得意之时，就越是要经常反躬自省，越是要讲究低调做人，融入大众之中。唯此，才能做到更有效地保护自己。

大凡做官的人，尤其是做高官的人，没有不想自己要有一个好的结局的。然而你若是因在此山而不能看透此山，便会事与愿违。那么怎样才能保证自己有一个好结局呢？曾国藩以他对官场的看透不看破，认为主要应在平时领会居高位之道。

人往往越走向高位，失败的可能性越大，而惨败的结局就越多、越严重。因为“高处不胜寒”啊！那么，每升迁一次，就要以10倍于以前的谨慎心理来处理各种事务。若借用烈马驾车，绳索已朽，形容随时有翻车的可能。做官何尝不是如此？

国君把生杀予夺之权授给督抚将帅，如东家把银钱货物授给店中众位伙计。如果保举太滥，对国君的名器不甚爱惜，好比低价出售浪费财物，对东家的货财不甚爱惜一样。利用职权谋取私利，这就是违背了不干预之道，是注定要自食恶果的。一事想贪，则可能事事想贪，一时想贪，则可能时时想贪。在这个方面应视手中的权势于虚无，因而也会少生无妄之想。

曾国藩就是这样一个人，因此，他虽身居高位，也时时犹履薄冰，大功告成之日，更是益觉如蹈危局。倒使得曾国藩该得到的也得到了，不终也“终”了，不胜也“胜”了。曾国藩为一名政府大员，不管是出于自卫，还是出于名利，他也曾面临过无数的空中乱石袭击的危险，但都能化险为夷，不管别人如何评判，他自己最后还是功德圆满。如果我们不去评判当时的是非曲直，只从保护自己方面言之，曾国藩身上仍有一些值得我们借鉴之处。

生活中，同样具有卓越的才华，同样在社会中奋发，有的人能卷起万丈狂澜，干起惊天动地的伟业;有的人，在浪涛中扑打了几下就沉入海底，成了昙花一现的人物;有的人如水面泡沫般迅即消失，成了来也匆匆、去也匆匆的过客;有的则被波澜冲刷、荡涤，再也找不到他的踪影。纵观人类社会的历史长河，阅尽古往今来的风云人物，可以发现，凡能善于做到不形于色、不形于言，善于隐态藏锋，匿壮示弱者，大都能够顺利踏平人间坎坷，不断交上人生鸿运。

第八章

他人是浮云

——淡定的态度玩转人际关系

这个世界上，人是最复杂的动物，与人相处也是最复杂的事情。要想取得不错的人脉资源，就要把人际关系之间的一些规则看透，懂得如何跟人们和谐相处，从而淡定地穿梭于人际之间而游刃有余。

1.点到为止不道破

言有尽而意无穷，有情尽在不言中，告诉别人你话中有话，这就是说话的艺术。

俗话说:“逢人只说三分话，留下七分自已赏。”有些人也许以为大丈夫光明磊落，事无不可对人言，何必只说三分话呢?其实，这三分话不过是点到为止，绝不道破，留下七分实际上是为自已留条后路。你或许认为这是狡猾，是不诚实，其实这是对人与人之间相处的一种微妙的说话艺术。

说话前须看对方是什么人，如果对方不是可以尽言的人，你说三分话，已不为少。

孔子曰:“不得其人而言，谓之失言。”对方倘不是深相知的人，你也畅所欲言，以快一时，对方的反应是如何呢?你说的话，是属于你自已的事，对方愿意听你唠叨吗?

彼此关系浅薄，你与之深谈，显出你没有修养;你说的话涉及对方的事，你不是他的诤友，不配与他深谈，忠言逆耳，显出你的冒昧;你说的话是属于国家大事，你没有搞清对方的立场就高谈阔论，这样更容易招灾惹祸。

看透了这些，所以逢人只说三分话，点到为止，但万万不可道破其中的真理。

事无不可对人言，是指你所做的事，并不是必须尽情向别人宣布的。老于世故的人，是否事事可以对人言，是另一个问题，这里讲的只说三分话，是不必说不该说的话，并不是不诚实，也不是狡猾的表现，不过是一种对人与人之间关系的看透不看破。

说话本来有3种限制，一是人，二是时，三是地。非其人不必说。非其时，虽得其人，也不必说。得其人，得其时，而非其地，仍不必说。非其人，你说三分话，已是太多;得其人，而非其时，你说三分话，正给他一个暗示，看看他的反应;得其人，得其时，而非其地，你说三分话，正可以引起他的注意，如有必要，不妨择地另作长谈，这才是通达世故的人。

由此可见，说话也是一门艺术，话说好了万事好，话说不到位也许会毁前程。所以，在说话前必须考虑透彻，想好了再说，否则，别人会认为你是个有口无脑、缺心少肺之人。

有时你的三分点到为止、不道破真理的话，正体现了你的职业道德。如经办银行业务的人，其业务的大概情形，或许可以对人提及，对于存款人的姓名与存款额，你是绝对不可对别人提起的。这是银行职员的职业道德。

这样的例子还有很多。有时你因为不能遵守只说三分话的戒条，酿成大祸，往往使你的精神大受痛苦，甚至于蒙受更大的损失。

如果你从事的是机密工作，或者特殊的行业，对人只说三分话，还要局限在重要话题之外。重要话题是一字都说不得的，你说的三分话，应该是风花雪月，应该是柴米油盐，应该是上天入地，应该是稗官野史。总而言之，应该是无关紧要的材料。无关紧要的材料，虽是说来头头是道，兴味淋漓，说得皆大欢喜，其实是言之无物，不会引来什么苦恼。

言有尽而意无穷，有情尽在不言中，告诉别人你话中有话，这就是话说到位但点到为止的艺术，既指出了对方的错误，又保全了对方的面子，还打动了对方的心。

2.灵活处世

人与人交往要灵活一点，这是人际交往的基本准则。

老实本身没有错，但不能看透人的本质而做事过于死板就不好了，同样，过度地坚持，也会自己把自己逼上绝路。

《世说新语》记载了这么一则故事：

许允担任吏部侍郎时，大多任用他的同乡，魏明帝曹睿听说后，就派虎贲武士去拘捕他。他妻子跟随出来告诫他说："明主可以理夺，难以情求。"让他向皇帝申明道理，而不要寄希望于哀情求饶。他被带到魏明帝面前，明帝核查审问他。许允回答说："孔子说'举尔所知'，我的同乡，就是我所了解的人。陛下可以考察他们是称职还是不称职，如果不称职，我愿意接受应有的罪名。"考察以后，结果各个职位都安排了适当的人，于是才释放了他。许允身上衣服破烂了，明帝下令赏赐新衣服。

许允提拔同乡，是根据魏国的荐举制度。不管此举妥不妥当，它都合乎皇帝认可的"理"。许允的妻子深知跟皇帝打交道，难于求情，却可以理争，于是叮嘱许允以"举尔所知"和用人称职之"理"，来抵消提拔同乡、结党营私之嫌。这不能不说许允是一个善于根据对象的身份来选择说话的，能对人看透不看破之人呀！

南齐的徐文远也是这样一个有透彻觉悟的人。

徐文远是名门之后，他幼年跟随父亲被抓到了长安，那时候他生活十分困难，难以自给。他勤奋好学，通读经书，后来官居隋朝的国子博士，越王杨侗还请他担任祭酒一职。隋朝末年，洛阳一带发生了饥荒，徐文远只好外出打柴维持生计，凑巧碰上李密，于是被李密请进了自己的军队。李密曾是徐文远的学生，他请徐文远坐在朝南的上座，自己则率领手下兵士向他参拜行礼，请求他为自己效力。徐文远对李密说："如果将军你决心效仿伊尹、霍光，在危险之际辅佐皇室，那我虽然年迈，仍然希望能为你尽心尽力。但如果你要学王莽、董卓，在皇室遭遇危难的时刻，趁机篡位夺权，那我这个年迈体衰之人就不能帮你什么了。"李密答谢说："我敬听您的教诲。"

后来李密战败，徐文远归属了王世充。王世充也曾是徐文远的学生，他见到徐文远十分高兴，赐给他锦衣玉食。徐文远每次见到王世充，总要十分谦恭地对他行礼。有人问他："听说您对李密十分倨傲，但却对王世充恭敬万分，这是为什么呢？"徐文远回答说："李密是个谦谦君子，所以像郦生对待刘邦那样用狂傲的方式对待他，他也能够接受；王世充却是个阴险小人，即使是老朋友也可能会被他杀死，所以我必须小心谨慎地与他相处。我查看时机而采取相应的对策，难道不应该如此吗？"等到王世充也归顺唐朝后，徐文远又被任命为国子博士，很受唐太宗李世民的重用。

徐文远之所以能在五代隋唐之际的乱世保全自己，屡被重用，就是因为他针对不同的人有不同的应对之法，懂得灵活处世。

孔子门下弟子众多，他教育这些弟子从来不用一刀切的办法。有一次，子路问孔子："做事要三思而后行，对吗？"孔子说："对。"过了两天，冉有又问孔子："做事要三思而后行，对吗？"孔子说："考虑两遍就行了，不用三思。"别人听了孔子对弟子的两种解释，就问："您怎么对弟子的教育不一样呢？"孔子说："子路为人鲁莽，所以我让他做事三思；冉有平时做事本来就优柔寡断，所以我鼓励他果断一点。"

看清人生使我们明白，道理不是绝对的，针对不同的情况可以灵活一点，人与人之间的交往也一样。

3.说话要抓住对方的兴趣点

如果你在交谈之前能做到充分了解对方，那么说话的时候就能投其所好，说到对方的兴趣点上，这样必然会取得很好的效果。

生活中，每个人都有不同于别人的兴趣和爱好，对于那些你在意的人，你就应该努力去看透他，对他所感兴趣的事情作进一步的深入了解，因为利用这种兴趣，你不论是做事还是说话就都能做到投其所好，这样便能让他对你更感兴趣，与你的感情也更好。

抓住别人的兴趣点是与人沟通最好的方法。看透这一点你就会发现，只要抓住了对方的爱好和兴趣点，多说几句他们爱听的话，往往会收到非常好的效果。因为社会上的人形形色色，想找到一个知音那真是太难了，并且人们往往都喜欢和自己观点和想法相契合的人，如果这时候，你能有几句话说到他心里去，那他一定会以为他遇到了世间难得的知己，再往下的事情就会好办很多。

王丽大学刚毕业就进了一家广告公司的销售部。按公司规定，试用期间每一个人在一个月内都要拉到一家新客户。可是她刚离开学校不久，又没有任何的背景，每次去拜访一些陌生的新客户，不是吃了闭门羹，就是要她回去等消息。但一次意外却改变了这种困境。

一天，王丽进了一家公司，到了门口的时候，忽然看到了公关主任桌上的名片。

原来这位主任的名字蛮奇怪的，竟然叫做“万俟明”，而她怎么想都觉得这个名字和《说岳全传》中有个人的名字“万俟卨”（mò qí xiè）如出一辙。这个名字中的几个字是很难认的，还好因为她看过《说岳全传》，查过这几个字。

当时她一眼看见这人的名片上写着‘万俟明’，就礼貌地向前称呼他："万俟先生您好，我是××广告公司的，今天特别来拜访您。"

才说完这句话，对方就吃惊地站起来，嘴里结巴地说："你……你怎么认识我的姓，一般人第一次都会念错，大部分人都叫我万先生，害得我总是解释一次又一次，烦死了。"

王丽说："这个姓是复姓，而且又很少见，想必有来源的吧！"

对方听到这里，更是显得神采飞扬，高兴地开始和王丽叙说他姓氏的由来。

她看到对方越来越高兴，于是接口问道："那您就是帝王之后，系出名门了！"那位万俟明先生听了后更加高兴地说下去："岂止是这样，这个姓氏1000多年来也出了不少名人，例如，宋代有个词学名家叫万俟咏，自号词隐，精通音律，是掌管音律的大晟府中之制撰官，另外写了一本书叫《大声集》。后人都尊称他万俟雅言。"

用这个少见的姓氏做话题，让王丽和那位公关主任聊了起来。尽管她并未说明来意，更没谈什么细节，但光凭这次愉快的交谈，就让她开发出一家财团做客户，而这家财团旗下所有的关系企业，全都与她们公司签下了合约。王丽不仅为公司增加了前所未有的业绩，同时也充实了一下自己的腰包。

这就是看透人，把话说得投其所好为王丽创造的奇迹，一次偶然的机会，便让这位推销员获得了巨大的成功。其实她也并非挖空心思去讨好这位经理，只是从一个小小的侧面在打开了对方的话匣子，让这位为姓氏读法苦恼不已的经理遇到了"懂行"的人，真可谓是"酒逢知己千杯少"。交往的道路已经打开，那么她的推销也就水到渠成了。

王丽不但开发出一个新客户，而且还借着这个客户的引荐，一连开发了十几家新客户。她不但没有被炒鱿鱼，反而晋升成正式职员，薪水也连跳好几级，成了该公司的"超级销售员"。

其实，在很多场合都是这样，无论你是去面试，还是平日里想结交一个挚友，或是想追求一个女孩子，先了解对方，再投其所好地说话，就能起到很好的效果。一般与我们相处的人都有各自不同的特殊兴趣，如果可能的话，你应尽量找出他最感兴趣的事，然后再从这方面去接近他。倘若没有机会或者这种机会不容易得到，那么也该尽可能去选择他最大的兴趣供你利用，主要的目的是要使他对你发生兴趣，一旦他对你产生兴趣，才愿意跟你谈话，于是，你的目的也就会最终达到了。

想要了解一个人其实并不难，只要你肯细心，肯观察，肯在谈话之前作一个充分的调查，通常情况下，你的谈话都会取得成功。

4.和不喜欢的人相处要用心

与不喜欢的人相处需要技巧，要想在人际交往中游刃有余，就要对人与人之间的关系看透不看破，要懂得方圆处世之道。

生活中，由于各种各样的原因，我们经常要与自己不喜欢的人，甚至是与自己相敌对的人打交道，如果你看透了人与人之间的关系就会明白，与这些人交往我们需要一些技巧。

你与人们之间的交往越多，慢慢你就会发现，性情相投者毕竟是少数，有很多朋友都是表面朋友，甚至有些人你一看就不顺眼。但毕竟我们要活着，就不能把这一切看破，不可能随心所欲只与自己喜欢的人交往。要想在人际交往中游刃有余，就要对人与人之间的关系看透不看破，要懂得方圆处世之道，无论是伪装还是无奈，都要学会与不喜欢的人相处，并且还要相处得融洽得体。

由于每个人的原则性和个性，我们不喜欢的人也非常多，不喜欢的原因也非常多。如果是那些邪恶的坏蛋当然要群起而攻之，如果单是做事方式等涉及不到品质的事就要细细思量一下。因为不喜欢不代表就该讨厌，而你不喜欢的人对你事业的成功或许也有帮助，你必须看透这一点，必须学会与他交往。

学会和不喜欢的人相处或合作做事，是成大事的人处世的方圆之道。当遇到与我们意见不一致的人时，应该怎么做呢?

哈蒙曾被誉为全世界最伟大的矿产工程师，他从著名的耶鲁大学毕业后，又在德国佛来堡攻读了3年。毕业回国后，他去找美国西部矿业主哈斯托。哈斯托是个脾气执拗、注重实践的人，他不太信任那些文质彬彬的专讲理论的矿务工程技术人员。

当哈蒙向哈斯托求职时，哈斯托说:“我不喜欢你的理由就是因为你在佛来堡做过研究，我想你的脑子里一定装满了一大堆傻子一样的理论。因此，我不打算聘用你。”

于是，哈蒙假装胆怯，对哈斯托说道:“如果你不告诉我的父亲，我将告诉你一句实话。”哈斯托表示他可以守约。哈蒙便说道:“其实在佛来堡时，我一点学问也没有学回来，我尽顾着实地工作，多挣点钱，多积累点实际经验了。”

哈斯托立即哈哈大笑，连忙说:“好!这很好!我就需要你这样的人，那么，你明天就来上班吧!”

在有些情况下，别人所争论不休的论点，对自己来讲反而不那么重要。比如，哈蒙从哈斯托口中得来的偏见，这时，我们所需要的不是去斤斤计较，而是尊重他的意见，维护他的“自尊心”而已。

对人际关系处理比较在行的人，在对付反对意见时常常尽量使自己做些“小让步”。每当一个争执发生的时候，他们总是在心里盘算着:关于这一点能否做一些让步而不损害大局呢?因此，无论在什么时候，应付别人反对的唯一的好方法，就是在小的地方让步，以保证大的方面取胜。另外，在有些场合，应该将你的意见暂时完全收回一下。

关于洛克菲勒的一件轶事说的是，曾有一位不速之客突然闯入他的办公室，直奔他的写字台，并以拳头猛击台面，大发雷霆:“洛克菲勒，我恨你!我有绝对的理由恨你!”接着那暴客恣意谩骂他达10分钟之久。办公室所有职员都感到无比气愤，以为洛克菲勒一定会拿起墨水瓶向他掷去，或是吩咐保安将他赶出去。然而，出乎意料的是，洛克菲勒并没有这样做。他停下手中的活，用和善的神气注视着这位攻击者，那人越暴躁，他便显得越和善!

那无理之徒被弄得莫名其妙，他渐渐地平息下来。因为一个人发怒时，遭不到反击，他是坚持不了多久的。于是，他叹了一口气。他是作好了来此与洛克菲勒争斗的准备的，并想好了洛克菲勒将要怎样回击他，他再用想好的话语去反驳。但是，洛克菲勒就是不开口，所以他不知如何是好了。

末了，他又在洛克菲勒的桌子上敲了几下，仍然得不到回应，只得索然无味地离去。洛克菲勒呢?就像根本没发生任何事一样，重新拿起笔，继续他的工作。

不理睬他人对自己的无礼攻击，便是给他最严厉的迎头痛击!成大事的人每战必胜的原因，就是他们已经看透了人与人之间的关系，当对手急不可耐时，他们依然故我，显得相当冷静与沉着。

当然，如果你真的不幸遇上了非常讨厌的家伙，在涉及到原则性的问题时，建议你还是向林肯总统学习。

有一次，林肯的办公室突然闯进一位来求职的人，这人连日来访已有几个星期了。他来后照样提出了老问题，要求总统给他一个职位。林肯总统说:“亲爱的朋友，这是没有用的。我已经说过了，我不能给你那个职位。我想你还不如立刻回去的好。”

那人听了以后变得恼羞成怒，很不客气地大声说:“那么，总统先生，我知道你是不肯帮我忙的!”众所皆知，林肯总统的良好修养与忍耐力是著名的，但此时他真的无法再忍受了。他对那人注视良久，然后从容地从椅子上站起来，走到那人的身边，一把揪住他的衣领，拉到门外，然后重重地将门关上。

那个人又推开门，大声吼道:“把证书还给我!”林肯从桌子上拿了他的文件，走到门口，猛地一掷，再次把门关上，回到原位。对此事的处理，总统在当时以及事后始终没有说一句话。

作为一个极为谦和的一国之首，在必要的时候终于生气了。因为此人确实是个无赖，根本不值得林肯运用其他的策略。但凡领袖人物，无一不精通全盘战略。明枪暗箭、冷嘲热讽，甚至在一定的状态下动武，无所不能。他们知道每个将才在必要的时候应该有自卫的举动，必须挺身而出!我们每个人也一样，不仅要行使我们自己的权利，更要维护自己的尊严。

当能够看透人与人之间的关系，你就不会对不喜欢的人千方百计地打击，而是尽力和平相处。这是成大事的人不可或缺的风度。

5.适可而止，留下回旋的余地

遇事穷追不舍，于人于己都没有好处，对人生看透不看破的人都会适当考虑别人的想法，留下回旋的余地。

现实生活中，许多人都对人与人之间的关系看不透、想不通，说话做事总是不会给人留下余地，搞得对方经常尴尬。其实，想想如果你自己处在这种状况会怎样？很显然，人一旦处于这种窘境，则不仅仅是气别人，也气自己，气自己无能、无力，甚至会怀疑自己生存的价值和意义，从而萌生很强烈的人生挫折感和失落感。那么，有过这种体验和经历的人就应当设身处地地为对方想一想，一旦自己通过努力证明自己比对方强，完全有能力战胜对方，那么就应当适可而止，别再以牙还牙，以毒报毒，把对方完全置于屈辱的地位，不然只会使对方蒙受如自己当初一样的打击与屈辱，从而为自己制造一个仇敌。

冤家宜解不宜结，问题解决了就要给对方一个台阶下，否则对方记了你的仇，将来还会给你气受。看不透人际关系的人往往都会有这样的恶果。

在人际交往中，特别是求人的时候，如果受了气，你想透一点，放开眼界，把立足点放在解决对策上而不是斗气上。

和人家斗气，一来未必能够斗得过，二来浪费了时间和精力，对于解决问题没有什么补益，因此，看透不看破，换一种视角，换一套思路，另辟途径解决问题是最重要的。一旦问题解决了，你受气的根源也自然消失了，这时候你还不解气，还让那些本来已经很尴尬的部门工作人员下不来台，那就太想不开了。你要看透，这一次人家阻挠了你，给你气受，也许下次你还要求人家，要是人家记了仇，你就还会有更大的气要受。相反，如果你想开一点，能够适当给他一个台阶下，他感怀你的宽容大量，下一次办事时也许就能给你帮上大忙。

一定要看透人际交往中人与人之间的关系，千万注意不要把事情做绝。

每个人受了气后都会产生一种报复心理。于是奋发向上，寻找时机。这是十分不可取的，因为说不定你哪天还会有更大的气受。相反，如果一个人在有了实力，或是抓住了对方的把柄，完全有能力驾驭对方时，能够恰当地利用这种优势，以一种大度宽容的方式来对待对方，获得他的信任与感激，再进一步通过其他方式来增进彼此的感情，那么就不但排除了树敌的可能性，而且多了一个很可信赖的朋友，以后就更不会受气了。对于矛盾的双方而言，这样的结局无疑是最为理想的。

6.善意的“谎言”也要说

一个会说话的人，跟别人说话时必然会适时避其锋芒，即使觉得他干得不好，也不会直言相对。

那些没有看透或是看破人与人之间关系，习惯于实话实说忠直的人，有时让人觉得他太过锋芒毕露了。在特定的场合显示一下自己的锋芒，是很有必要的，但是如果太过，不仅会刺伤别人，也会损伤自己。

有这样一个故事会对我们有所启示：

从前，有一个爱说大实话的人，什么事情他都照实说，所以，他不管到哪儿，总是被人赶走。这样，他变得一贫如洗，无处栖身。最后，他来到一座修道院，指望着能被收容进去。修道院长见过他问明了原因以后，认为应该尊重那些“热爱真理，说实话”的人，于是，把他留在修道院里安顿下来。

修道院里有几头牲畜，已经不中用了，修道院长想把它们卖掉，可是他不敢派手下的什么人到集市去，怕他们把卖牲口的钱私藏腰包。于是，他就叫这个人把两头驴和一头骡子牵到集市上去卖。

这人在买主面前只讲实话：“尾巴断了的这头驴很懒，喜欢躺在稀泥里，有一次，长工们想把它从泥里拽起来，一用劲，拽断了尾巴；这头秃驴特别倔，一步路也不想走，他们就抽它，因为抽得太多，毛都秃了；这头骡子呢，是又老又瘸。如果干得了活儿，修道院长干吗要把它们卖掉啊？”

结果买主们听了这些话就走了。这些话在集市上一传开，谁也不来买这些牲口了。于是，这人到晚上又把它们赶回了修道院。

院长问是怎么回事，这个人将他在集市上说的话又说了一遍。修道院长发着火对这人说：“朋友，那些把你赶走的人是对的。不应该留你这样的人！我虽然喜欢实话，可是，我却不喜欢那些跟我的腰包作对的实话！所以，你爱上哪儿就上哪儿去吧！”

就这样，这人又从修道院里被赶出去了。

这不过是一个故事，但却值得我们反思和深省，你在生活中是不是故事中的“大实话”呢？

舞蹈家邓肯是19世纪最富传奇色彩的女性，热情浪漫外加叛逆的个性，使她成为反对传统婚姻和传统舞蹈的前卫人物。她小时候更是纯真，常坦率得令人发窘。

圣诞节，学校举行庆祝大会，老师一边分糖果、蛋糕，一边说：“看啊，小朋友们，圣诞老人替你们带来什么礼物？”邓肯马上站起来，严肃地说：“世界上根本没有圣诞老人。”

老师虽然很生气，但还是压住心中的怒火，改口说：“相信圣诞老人的乖女孩才能得到糖果。”

邓肯回答：“我才不稀罕糖果。”

老师勃然大怒，处罚邓肯坐到前面的地板上。

人无论处在何种地位，也无论是在哪种情况下，都喜欢听好话，喜欢受到别人的赞扬。如果你看透这一点就会知道，多数时候很多事情你心理明白就好了，没必要坦白地说出口。

的确，做工作很辛苦，能力虽然有大有小，但毕竟是尽了自己的一份力量，当然希望自己的努力得到他人和社会的承认，这也是人之常情。

一个会说话的人，此时必然避其锋芒，即使觉得他干得不好，也不会直言相对。

怎样理解真话被肯定的现象呢?

换一个角度我们便会看透，个体行为的一个基本规律是趋利而避害。

可以设想，如果某甲对人总是以诚相待，直言不讳，人们因此认定他是一个值得信赖的好人，所以乐于与他深交，并在人前人后夸赞他，某甲也因此感到快乐和自豪。

也就是说，某甲的真诚为他赢得了报偿，带来了利处，那么他又何乐而不为呢?如果情况与此大相径庭，比如某甲认为同事小敏的衣服难看，便马上对她说：

“腿短而粗的人不适合穿这种裙子。”结果，小敏脸一沉，扭头便走，留下某甲发愣。

“你的稿子里错别字很多，以后要仔细些。”某甲当着处长的面指点小张说。实话固然是实话，但不久后却隐约有人传言，某甲惯于在上级面前打击别人，抬高自己……

倘若如此，某甲恐怕很快就会意识到自己的真诚并不那么受人欢迎，既然这样，又何苦呢?

7. 讲话看场合，发言有分寸

说话，通常不是说给自己听，而是说给别人听。看透这一点，你又怎么能不去考虑一下别人听了这些话，会有什么样的感受呢？

看不透道理的人说话，总是不掩饰自己的情绪，不管什么场合，也不问对象是谁，不考虑说话会引起什么后果，心里有什么就说什么，直来直去，结果无意中便得罪了别人。

在客客气气的社交谈话中，直话直说是致命伤。别误解，这不是在鼓励大家说谎，这里讲的是一种对人生看透不看破的说话艺术，一种和斗牛相似的艺术。餐桌谈话的高手能够像斗牛勇士一样，挥洒自如地应付、闪避灾难。

有这样一个善于闪躲质问的人，他的厚颜与本领令了解他的人都要大喊一声“太妙了”。例如，有人问他：“你可曾读过《堂吉诃德》？”他会回答：“最近不曾。”其实他根本没读过，然而谁会煞风景破坏融洽的谈话？

另有一次，有人问他可曾读过但丁的《神曲》中的地狱篇，他回答：“英文本没读过。”旁人不禁肃然起敬。他这句百分之百的真话会让人产生3种误解，他读过这诗篇；他精通14世纪的意大利文；他是文学纯粹主义者，不屑读翻译本。真高明。

社交中的谈话是要讲究技巧的。在这里介绍几种谈话技巧，以供那些讲话直来直去的人作为参考：

（1）寻找安全话题

预备几个有趣的题目，侃侃而谈，但言辞须含糊：

①量子物理学。就暧昧模糊而言，这题目是数一数二的，或许连爱因斯坦都会紧

张吃力。这个话题最重要的部分叫做“不确定性原理”。有位物理学家最爱以这世界的本质为题讲些令人费解的话，然后看到周围的人个个满脸愕然、面面相觑，便忍不住偷笑，你也可以学他。

②死海古卷。几十年来，只有少数圣经学者能接触到这些古代经文并加以研究。他们不让别人看，也许是因为他们还没琢磨出古卷中文字的真正意思。

③某位不大出名的历史人物。你选的历史人物不必有什么精彩的秘闻韵事，然而如果你不想再听某人喋喋不休地谈论当今的国家领导人，这题目就很适合了。

你可以说：“某某怎么样？”

那人会顿时茫然，问道：“他怎么样？”

“你刚才说的全部可以应用到某某身上，”你回答，“你看看他的遭遇。政客就是这样的。”

谁能反驳？

不过要审慎的是，使用上述话题以前必须跟其他客人周旋一下，谈些不相干的话，摸清楚什么题目不能碰。王明有一次大谈明史，谈了20分钟，殊不知坐在他旁边的那个人是屈指可数的中国史权威。

（2）用涵义广泛的形容词

所用的形容词最好能适用于几乎任何方面。

如果有人要你对毫无所知的某本书、某出舞台剧、某部电影或某首音乐发表意见，你应该说：“我喜欢他早期的作品。作风比较单纯。”或者说：“我喜欢他后来的作品。那比较成熟。”无论对方是否同意，都不能说你错。

（3）讲述一些历久弥新的趣闻逸事

你不必发表长篇大论也可以令人觉得你学识渊博。在节骨眼上讲出一桩人所罕知的事，会使人深信你满腹经纶。例如，你记住某某名作家的妻子是哪个富豪家族哪一房的正室或偏房的表亲，然后在跟人家讨论文学、商界动态、名人花絮或鲜闻的时候，装作漫不经心地提起。

（4）发表别人无从驳斥的见解

闲谈中，难免会有人问你：“你认为如何？”

你不想把真正的想法说出来，原因是你刚才没有注意听，其实你一直在想的是赴宴途中你汽车发出的怪声，或者某部电影里某演员叫什么名字。不过，有3种答案适用于任何话题，而且不会引起异议：

“那完全要看情况而定。”

“不能一概而论。”

“在某些地方，情况会受环境因素影响。”

（5）高明地搪塞躲避

在聚餐时要是有个粗鲁的人竭力想戳穿你的把戏，千万别慌，你可以采纳如下几个对策：

①含糊其辞。马上用丹麦著名物理学家尼尔斯·波尔所讲的：“真理有大小之分。与小真理对立的，当然是错的；与伟大真理对立的，则同样是真理。”然后，趁质问你的人还在琢磨这番话，找个借口离桌。

②指着窗外大声喊：“瞧那个！”希望借此转移同桌人的注意。

③把一块肉放进口里细嚼，同时作思索状，仿佛是在整理你的答案。接着屏息并慌张地指指喉咙，奔出饭厅，挺着肚子朝沙发背猛扑过去，让人们以为你食物梗塞，在自行救治。然后站起来，转身对吓坏了的众人从容地说：“没事了。”

如果你演技够好，大家便会忘记使你突发急症的诱因，反而称赞你有医学知识，救了自己。这就是运用看透不看破原则进行巧谈话的好处。

8.不把喜怒挂在脸上

一个成熟的人不会动不动就喜怒形于色，要知道让人一眼看透是很危险的。

许多上班族认为，只要在工作上表现得很突出，并且拥有很高的学历，就可以在公司里获得上司的赏识，扶摇直上。

事实上，如果你看透了人就会发现，工作勤奋和丰富的学识以及经验的确是升级的根本，可是却不等于全部。

有许多在工作上表现很出色，而且学识、经验都很好的人，苦干了十几年，仍然在同一个职位上工作，不降职也不升职。

这些人在茶余饭后，常常一肚子的牢骚，抱怨自己没有受到领导的欣赏，甚至挨到死都不可能有出人头地的那一天。

对这些人不了解的人，或许真的会同情他们的遭遇，认为上天不公，不给他们机遇。然而，事情并非表面上那么简单，这些成天埋怨上级“不长眼”的同事，很多年不升也不降，主要是因为没看透人际交往中人与人之间的关系，不懂得人世间的世故，他们不懂得或者懒得搞好与同事的关系，结果被同事们孤立了，甚至被抛弃了。

有一位做事很迅速，从来都不推卸责任的同事。这位先生在工作上的表现很令上司赏识，本想推荐他升职。可是，很多年过去以后，他还在原来的职位上摸爬滚打。尽管他的工作热情未减，可是他对上司的态度却越来越不满。

他经常跟其他同事诉苦，自己那么勤奋地工作也没有用，比自己差劲很多的人都在职位上超过了自己，上司肯定是有意贬低自己。

他却不知道自己做人最失败的地方，就是没有看透人与人之间关系的实质。比如，和其他同事相处的时候，他经常夸耀自己的才干，而且喜欢指责同事的缺点。

有过几次，他由于“多嘴”而得罪了同事，还差点打起来。上司看在眼里，记在心里。而且他还不时顶撞上司，使上司的尊严当着同事们的面受到损害。

如果你作为他的上司，你愿意提升这样的人吗？他或许真的有真才实学，有丰富的工作经验，但是却不知道怎么做人，不知道搞好同事关系。如果真的把他提拔成管理者，那对公司的职员不知道会有多大的害处。

如果，公司新近聘用了一位新同事，这个人一点工作经验都没有，甚至有时候还越帮越忙，你作何感想呢？

人人都曾经经历过这个阶段，想一想自己当年的经历吧。并不是说让你容忍新同事的错误百出，而是应该看透些，想开些，体谅一下对方，对对方多一些耐心。

另外，还要切记不要倚老卖老。你那宝贵的工作经验的确是一个好榜样，但并不是什么金科玉律。

同理，绝不要盲目地去容忍同事出错。遇到问题的时候，要看透不看破，婉转相劝，叫他在错误中吸取教训。

许多公司都爱聘用刚刚从学校里走出来的大学生，因为这些人用起来顺手。但是，由于他们没有任何工作经验，你就更应该有一定的耐心。

比如，像接听电话这种简单的事情，他们或许也会犯错误，给你增添烦恼倒是小事一桩，重要的是给客户留下了坏印象才是令你不可忍受的。因此，你如果发现他们经常出现这类情况，应该客气地告诉新同事。

当你的同事或者领导做了一件使你不满的事情，你要直接指出来吗？

请你参考下面的技巧：

把最重要的或者最急切的问题先指出来，不要把不满也列成清单，那样做只会使对方的信心受损，做起事来更加不起劲了。而且你还要明确指出想要指责的事情。

应该针对事，而不能针对人。就算对方已经明白了是自己的错误，你也不要说：“你为什么会那么做？”而应该说：“你的计划的效果不太好，下一次咱们应该这么做……”

不能把问题给忽视掉。应该跟对方说，为了促进工作的进展，你应该作出改善，那才是工作上的合理要求，并不是你私人的要求。

给出了错的同事一个承担责任的机会，不过应该以鼓励的口吻说：“我知道你非常难过，不过你可以这么做……”接着重复你想叫他如何做。

最好把你的指责包装成一种建议，那样一来会使他容易接受。还可以把指责当成是其他人提出的，你只不过是一个消息的传递者罢了。

辛苦奋斗了一年以后，放个长假是多么美妙的事情呀，可是放假的却不是你，而是你的一个同事。这么一来，你就必须承担起你们两个人的工作。

当你接手了同事的工作以后，却看出同事的原有工作方式有问题，不仅质量欠佳，而且还浪费时间，使你有些苦恼。到底要采取什么样的态度呢？

首先，你应该早就有身兼两职的心理准备，这是员工们都应该有的，在大公司里员工们轮流休假，肯定会有这种现象出现。

对于同事的工作方式，绝不能向上司指出同事不对的地方，就算是老同事了，也绝不能说出任何对同事不利的话，那样对你太不利了。

人人都有其独特的工作方式，甲的工作方式未必就适合乙，只要把任务完成，使用什么方式并不重要。还有，或许同事有其“秘方”也说不定。

如果胡乱地加以指责，那样太鲁莽了，人们会觉得你“因妒中伤”同事，或者想表现自己罢了。

有时在适当的时候，发发牢骚也能取得理想的效果。

不过在发牢骚的时候，你应该冷静一些。把问题全都摊出来，这并非鲁莽，只是应该把冲突的本质查清。比如，对同事说，他迟到了使你也不能按时完成工作，这比你抱怨他不好好合作更使他容易接受，但是不能当众责备他。

尽管对方理亏，可是你也不要得理不饶人，要只说现在发生的问题，以前的不能再提出来。并且，给同事一个解释的机会，或者多听听其他同事的意见。

冷静地把自己的想法对同事说说，接着和同事一块儿研究一下解决死结的方法。俗话说“一人计短，二人计长”，叫犯了错的同事也有合谋的机会，同事的负疚感就会减少，也不会误以为你正在发脾气，并且能找出非常理想的解决方案来。

你的同事对领导非常不满，想让你站到同一阵线，频频向你诉说领导常常无理取闹，非常令人气恼，并且问你的想法。你可以这么回答他："依我看，领导对限期十分敏感，他肯定会为延迟一天完成项目而恼怒不已呢！你为什么不尝试下次早一些呈上报告书呢？"

又比如，一位同事请你对某个递给客户的计划书提出宝贵的意见，你该怎样做呢？你不能马上批评这个计划书！要想一想有什么问题能提出来！

你可以反过来问同事这个计划的原因，掌握了同事心目中的目标后，认真地进行分析，接着再加以取长补短，提出更有效的办法来。

总而言之，你的目标就是说服同事，表明你非常愿意帮助他，而不是指出他的错误。当同事解除了防御罩，你才会有机会帮助同事，并且化解同事和领导间的火药味。最终，你自会获得"有领导才华"的美称，得到大家的认同。

9.察言以知心

察言就是通过一个人的语言表达，了解一个人的方方面面，这是一门很有学问的技巧，留心别人的谈话，分析他们的话语，就可以从谈话中知晓，他们的思想倾向和做事意图。

有个穷人患病，病情渐渐严重，医生说他没有希望了。病人祷告众神，说如果能病好下床的话，一定设百牛祭，送礼还愿。他妻子正站在旁边，听他这么说，便问道："你从哪儿弄这笔钱来还愿呀？"他回答说："你以为神让我病好下床，是为了向我要这些东西吗？"

这故事是说，实际上不想做的事情，人们倒最容易答应下来，人有时候心口不一。由此看来，想看透一个人是很有学问的技巧。人内心的思想，有时会不知不觉在口头上流露出来，因此，与别人交谈时，只要我们留心，就可以从谈话中探知别人的内心世界，了解他的为人。

(1) 由话题知心理

人们常常将情绪从一个话题里不自觉地呈现出来。话题的种类是形形色色的，如果要明白对方的性格、气质、想法，最容易着手的步骤，就是要观察话题与说话者本身的相关状况，从这里能获得很多的信息。

与中年妇女交谈时，她们的话题多是她们自己，因为她们觉得自己才是她们最大的关心对象。有时也谈论丈夫或孩子，那是她们把丈夫或孩子看成了自己的化身，谈论他们也等于在谈论自己。对于这样的中年妇女，你要作为一个倾听者的形象出现，承认她们是贤惠的妻子、伟大的母亲。

在年轻小伙子的世界里，他们最爱谈论的话题之一是汽车。关于汽车的杂志也跟音乐、足球杂志一样畅销。小伙子的谈话内容几乎都涉及与汽车的品牌、行程距离、速度等有关的话题，虽然，他们中的大多数人都暂时买不起车。其实，他们那么热衷于车的话题，无非在表示自己将来有能力购车，或者是自己对这些懂得很多，这也是一种时髦的话题罢了，无非是显示自己。因此，你要聚精会神地听他们侃车，最好不要摆出讨厌或不耐烦的脸孔，你的耐心就可以满足他们的虚荣心。

(2) 措词的习惯流露出的“秘密”

语言表明出身，语言除了社会的、阶层的或地理上的差别外，还有因个人的水平而出现差别的心理性的措辞。人的种种曲折的深层心理会不知不觉地反映在自我表现的手段——措辞上。即使同自己想表现的自我形象无关，通过分析措辞常常就可以大体上看出这个人的真实形象，在这种意义上，正是本人没意识到的措辞的特征比词语的内容远为雄辩地告诉我们其人自身。

使用第一人称单数的人，独立心和自主性强，常用复数的人多见于缺乏个性，埋没于集体中，随声附和型的人。

人们总是认为是在用自己的话说话、写文章。实际上无意中在借用别人的话，有自我扩大欲，反过来探寻这一点，就能窥见其人的内心深处。例如，我们对说话老是使用难懂的词和外语的人多会感到困惑，其实，这种人多是将词语作为掩饰自己内心弱点的盾牌。择业时，充分显示自己的才能是必要的，但若过分矫饰，反而画蛇添足，让别人如坠云雾的效果是最不利的。这种情形常常不过是反证了对自己智能的自卑意识，将词语作为盾牌，掩饰自己的自卑感。

（3）说话方式才能反映真实想法

一般说来，一个人的感情或意见，都在说话方式里表现得清清楚楚，只要仔细揣摩，即使是弦外之音也能从说话的方式中逐渐透露出来。

①说话的语速快慢是看破深层心理的重要关键。如果对于某人心怀不满，或者持有敌意态度时，许多人的说话速度都变得迟缓，而且稍有木讷的感觉。如果有愧于心或者说谎时，说话的速度自然就会快起来。

假如说有一个男人每天下班都按时回家，而这一天他下班后却留在办公室与同事打扑克，回到家时，他就马上跟老婆说他加班了，而且还要诅咒现在为什么有这么多的活儿干不完之类的话。他的说话语速一定会比平常快，这样，他可以解除内心潜在的不安。

②从音调的抑扬顿挫中看破对方心理。当两个人意见相左时，一个人提高说话的音调，即表示他想压倒对方。

对于那种心怀企图的人，他说话时就一定会有意地抑扬顿挫，制造一种与众不同的感觉，有一种吸引别人注意力的欲望，自我显示欲就隐隐约约地透露出来了。

③由听话方式看破对方心理。构成谈话的前提包括了两种不同立场的存在者，即说话者与听话者。我们可以根据对方对自己说话后的各种反应，来突破对方的深层心理。

如果一个人很认真地听话，他大致会正襟危坐，视线也一直瞪着对方。反之，他的视线必然会散乱，身体也可能在倾斜或乱动，这是他心情厌烦的表现。

有些人仔细倾听对方的每一句话，等到讲述者快说完时，他也会透露自己的心声，由此看来，这位倾听者完全依靠坚强的耐心，再配合一股好奇心，才能最终突破讲话者的秘密。

如果你想探听某人某方面的消息，你就应和他从一个平常的话题切入，然后认真倾听、提问、再倾听……一步步达到自己的目的，对方在高兴之余，也忘了提防，相反，还会认为你是一个很好的倾听者，非常善解人意。

第九章

自己是浮云

——让自己成为自己的“传说”

有位作家说得好：“自己把自己说服了，是一种理智的胜利；自己被自己感动了，是一种心灵的升华；自己把自己征服了，是一种人生的成熟。大凡说服了、感动了、征服了自己的人，就有力量征服一切挫折、痛苦和不幸。”人生最大的挑战就是对自己的挑战，敢于发现自身的弱点和不足并将其克服，以追求更卓越的人生。

1.别让嫉妒害自己

嫉妒是心灵上的毒瘤，你要不能把它看透，不痛下决心把它“割掉”，它就会“像锈蚀铁那样，以自身的气质腐蚀自己”。

你的一位同科室的女孩，嫁了一位美国人，就要随夫到国外定居。你是衷心祝福她，还是在背后撇嘴：“就她那长相，也就老外能看上……”

某天，你听人谈起某位过去在单位不得志的同事下海几年发了，现在有自己的公司，你的第一反应是高兴，还是来一句：“没准儿是发的不义之财吧，小心被抓起来……”

和你同时参加工作的某君，现在已是处长了。每次他见了你，都会热情地打招呼。你是同样大方自然呢，还是在心里暗自说道：“不就是当了个破官儿嘛，看那假惺惺的样子……”

如果你的表现是后者，那你就是嫉妒了，你不承认，那是因为你没看透自我，更没有意识到嫉妒给你的生活带来的不良影响。

日本学者诧摩武俊在《嫉妒心理学》一书中说：“所谓嫉妒，就是自己以外的人占了比自己优越的地位，或者是自己所宝贵的东西被别人夺取，或将被夺取的时候所产生的感情。”而嫉妒，用著名诗人艾青的话说就是“心灵上的肿瘤”。你要不警惕，不痛下决心把它“割掉”，它就会“像锈蚀铁那样，以自身的气质腐蚀自己”(希腊，安提斯德内《片段》)。

还有一个学者曾说：“嫉妒这种感情是一种极欲排除别人优越的地位，或想破坏别人优越的状态，含有憎恨的、非常激烈的感情。有了这样激烈的感情，而不一定立刻显现于表面，这就是嫉妒。在引发事端的场合，反而是冰山一角，许多嫉妒都是深藏在人们的心中的，使漆黑的功能发酵，以歪曲的形态爆炸出来。”

嫉妒是人的天性，作为人性的弱点，几乎谁都会有那么一点，但我们不能把自身看破，我们还是要努力克服并消除自己内心的嫉妒，因为，它很可能在一定的环境和条件下变成一种邪恶，并导致不幸和痛苦。这是人性中残存的动物的一面。据研究者说，许多动物都有嫉妒的本性，一只狼会把比它多抢了猎物的同类咬死。

虽然妒忌是人普遍的也可以说是天生的缺点，但我们决不可因此而忽视它的危害性。趁着它还只是我们心灵里的小小“毒瘤”，我们就要赶快诊治它，以免它发展下去，成为恶性“癌变”。嫉妒这种不良情绪积压得多了，往往会因一个偶然因素或特定场合“以歪曲的形态爆炸开来”。公孙子都竟会暗箭伤人，就是例子。留美学生卢刚开枪杀害自己的美国导师和中国同学，也是强烈的嫉妒心使他丧失了理智。

塞涅卡说：“拿自己的命运与别人的幸运相比，是一种自我折磨。”的确，妒忌这种消极的、不良的病态心理平时深藏在我们的心中，我们不进行深刻反思的话是看不透的，它的隐秘性会使我们备受精神折磨，生理上也会造成内分泌紊乱，肠胃功能失调，神经衰弱、腰痛、背痛，等等。事实上，当真正的灾难降临于嫉妒者身上时，最见效的安慰恰恰是想到了还有比他们的遭遇更不幸的人；其次，是想到了那些与他们处于相同命运的人——这些人分担了他们的不幸和灾难。

但丁说：“嫉妒只会拉动风箱，扇起你的叹息。”美国剧作家佩恩说：“嫉妒者对别人是烦恼，对他们自己却是折磨。”我们难道也要让嫉妒的感情时时折磨自己吗?还是让我们看轻自己，看透嫉妒的根源，并且克服它吧！

嫉妒的人并不是对所有比他强的人都嫉妒，他所嫉妒的对象，大多是同学、同事、同龄人，因为他认为他们之间应该平起平坐。如果不是这样，他就会产生一种心理上的刺激，痛苦、愤怒的情绪就会随之而来。正如日本的诧摩武俊所说：“嫉妒能使亲密的好友翻脸，双方都会受到伤害，可以说，它是一种令人无可奈何的感情，象征着人性的弱点与丑恶的一面。”

在这个充满竞争、机会和变化的时代，在我们身边，几乎天天都有成功的人、幸运的人、发财的人、创造奇迹的人。他们也许就是你原本瞧不起的同事，或者是你曾领导过的下属，你能看透自己，并能保持平和的心态、宽阔的心态、与人为善的心态而不妒忌吗?这的确是对我们每个人品格修养的考验。但是只要我们真正看透了它害己害人的危害性，通过自我的心理调整和控制，是可以逐渐克服它的。

要克服嫉妒，你首先要做的就是，看清楚自己嫉妒的根源。一般来说，心胸狭窄的“小心眼”很容易产生嫉妒心理。如果你看透了这一点，就要让自己善于容人，那样就不会出现事事斤斤计较，唯恐委屈自己的嫉妒心理了。努力让自己胸怀宽广，坦诚处世，才能净化自己的心灵，才能真正感受到心底无私天地宽，也才能避免沾染上嫉妒心理之病。

其次，客观地评价自己。如果一个人不能正确估价自己，不能客观地评价别人，那么他就很难不产生嫉妒心理。而重要的是透彻地认识自己，因为只有正确认识自己，才能正确认识别人。所以，我们平时要刻意培养自知之明的品性，当看透了自己后，再重新认识别人，自然也就能够有所觉悟了。如果能够经常做到这样扪心自问和反复重新评价别人，就会迅速提高自己的修养水平，战胜嫉妒心理的侵扰。

在进行了一系列的自我训练后，如果我们能当着我们身边的某个幸运儿的面，爽朗地或故作痛苦地高声对他说:“我好嫉妒你哟……”那就表明，我们已经战胜了嫉妒以及它带来的沮丧、失望、敌意、憎恨、羞耻、消沉等的不愉快。我们有的是正常的羡慕，而非嫉妒了。

时刻对自己说:“他的卓越让我看到了自己的缺陷，也看到了自己的努力方向。昏头昏脑地嫉妒他人无济于事，明智勤奋地扬长避短才能挥洒属于自己的光彩。”然后，对自己要持有平和的心态，努力地提高自己。事实上，凡是能够找到自己生存乐趣和生存价值的人，是不会嫉妒别人的。

2.甩掉你的消极，乐观面对

成功快乐的人，就在于他们能够能以开放的心态接受各种情绪的影响，具有较强的情绪承受能力，并能通过适当途径克服消极情绪所带来的困扰，始终保持乐观向上。

断了一根手指，乐观的人会欣慰道："还好，不过是一根手指而不是一只手。"然后他继续快乐地生活；而那些悲观的人则会哀叹："天啊，我没了一根手指，以后的日子可怎么过啊，死了算了……"从此以后他怨天尤人，把自己当成一个残疾人看，过着阴霾的生活。

显然，前一种心态更健康。其实摔跟头、犯错误并不可怕，可怕的是你念念不忘自己失败的经历，总是驻足于你砸的这个坑前，不停地边欣赏边自怨自艾，忘记了前行或是不敢向前。事实上，把自己看透彻，我们多数时候不过是想让人们都知道自己是处于弱势的人，如果我们没有什么卓越的成就是可以理解的，我们不但自怜还不断祈求人们的怜悯。

一个做保险销售的人，一连两个月他都没有什么业绩，他很郁闷自己没有销售的天赋。后来他辞职了，遇到朋友他总会很遗憾地说："我患了拇外翻，脚总是走几步就疼得要命，虽然我很有做销售的才能，可是我不得不放弃我喜欢的任何销售工作，真是相当郁闷……"朋友听了他的话通常都会安慰他，觉得很可惜。后来他从事了很多个行业，结果都是干了两个月就找到各种"可怜"的理由放弃了。他都是30多岁的人了，可到现在还没有一个固定的工作，更别提有什么成就了。

可以说，这很大程度上是他面对问题时太过于悲观，并且消极逃避所造成的结果。

生活中有太多这样的人被消极的心态控制着，这种消极心态的副产品就是懦弱和自卑，当人们面对困难的时候唯一的想法就是逃避，就是自怜，而一味地沮丧和自怜往往会带来更残酷的现实。沉浸在沮丧之中不能自拔而且看破自己的人，最终只能使自己变得更加消极和沮丧。他本来是可以面对自己的不足加以改进，最后在某一领域里取得成功的，可他却选择用逃避换来一事无成。

著名心理学家A.阿德勒曾说，所有失败者——罪犯、酗酒者、自杀者、堕落者，等等，他们之所以失败，都是因为他们对自我、对他人、对生活产生强烈的沮丧情绪，导致了他们缺乏归属感和社会兴趣。他们在处理职业、友谊和性等问题时，不相信这些问题最终都能找到某种方式加以解决，于是对现实充满了失望感。

虽然消极是人类的正常现象，但万万不能就这样太过于轻视自己。如果长年逃避和否定自己，陷于持续的消极之中不能自拔，却又习惯把责任一股脑推给他人的话，那么这样的人大都是一些缺乏勇气和能力承担不幸的人。

消极者虽然也大都在各自挣扎，并很想求助于别人，可是孤独和害怕被拒绝的心理使他们往往不敢冒险求人。自卑态度，使他们无法正视自己的脆弱，只好以可怜的的方式来让人们原谅他。周围的所有人都很容易被他糟糕的情绪所影响和感染，从而形成一个消极的圈子。所有他的朋友，他的亲人都在受到他消极思想的危害。

在生活中，每个人都会有消极的时候，但我们要看透自己，看透消极，认识到消极并不是不可征服的。坎伯曾经写道：“我们无法矫治这个苦难的世界，但我们能选择快乐地活着。”我们要拿出勇气改变自己的生活态度，找出引起消极的原因并努力设法改变现状。像对待所有其他的不幸后果一样，对于不幸带来的消极，我们也不应听之任之，一味地自怨自艾、怨天尤人，毕竟天底下没有绝对的好事和绝对的坏事，有的只是你如何选择面对事情的态度。如果你把自己看破，凡事皆抱着负面的心态来看待，那么就算让你中了1000万元的彩票，也是坏事一桩。因为你害怕中了彩金之后，有人会觊觎你的钱财，进而对你采取不利的行动。

所以，看淡自己是好事，但万万不可将自己过于轻视，破罐子破摔。振作起来，采取勇敢的态度、奋进的态度去直视它以及现实中的一切挫折和困难。成功快乐的人，就在于他们能够以开放的心态接受各种情绪的影响，具有较强的情绪承受能力，并能通过适当途径克服消极情绪所带来的困扰，始终保持乐观向上。大作家沈从文曾给自己的表侄、大画家黄永玉几条人生忠告，第一条就是摔倒了赶快爬起来，不要欣赏你砸的那个坑。

为什么这样说呢?第一，已经摔倒了，只要能记住这次摔跤的教训就行了，再继续欣赏这个坑，顾影自怜，自怨自艾，于事无补，还把心情搞坏了;第二，这种欣赏会耽误以后的路程，而且由于心情不好，注意力不集中，再摔跟头的概率反而会更大。

你会认为这很难是吗?中岛熏曾说:“认为自己‘做不到’，只是一种错觉，我们开始做某件事情前，往往先考虑做不做得到，接着就开始怀疑自己做得到。”因此，如果你在做任何事情之前，就把自己看破，一味地采取消极的心态，告诉自己绝对做不到，恐怕，你只有一辈子住在自己一手打造的心灵“牢房”里了。

3.卸掉欲望的重担

欲望不能满足，贪爱没有止境。欲望太强，人活得就累，忙于应付，疲于奔波，忘记良知，忘记亲情，无暇顾及身边的美好，任其白驹过隙。不舍下你的物欲，永远也别想过轻松幸福的生活。

现今的社会是一个科技发达、物资丰富、竞争激烈的社会，我们心中的欲望，常被挑逗得像是看见红色斗篷的斗牛;他人暴富的经历，更让我们血脉膨胀，跃跃欲试;时尚名牌漫天飞，美女香车招摇过，心早已蠢蠢欲动;更不能忍受的是别墅洋房的诱惑……因此，太多的时候，我们会被世上的名利、金钱、物质所迷惑，看不透自己真正想要的是什么，只想将喜欢的统统收归己有，以求一时感官上的快乐和刺激。于是，我们心中就充满了矛盾、忧愁、不安，心灵上就会承受很大的压力，以至于活得很累。

人最大的弱点，就是永远不能满足自己内心的需求，随着社会的发展，不由自主地走向了欲望。总觉得自己所拥有的还不够多不够好，想追求更多更好的东西。欲望就像一个美貌而邪恶的狐狸精，在你达到了一个层次的欲望后，就变成更高层次的欲望，赤裸裸地在你眼前搔首弄姿，诱惑你去追求它。于是一层又一层，层出不穷的欲望让你应接不暇，一轮又一轮的无法满足让你狂追不舍，无论你拥有多少，你还是觉得不够多。最后，你会陷入一种恶性循环，使得你精神上疲惫不已，经济上也会穷困不已。不看透自身的物欲，永远也别想过轻松的生活。

马斯洛的需要层次理论清楚地告诉我们，人的欲望和追求是有等级的，只有那些没有太高精神需求的人，才会特别地喜欢追求物质上的东西，而物质通常都是无止境的，所以对物质的追求也变得无止境起来。就像越滚越大的雪球，蛊惑着人们拼命向前。那个向前通向幸福吗?幸福的标准又是什么呢?有许多人都不知道。人们的心灵被欲望占据久了，都有些麻木了。

现在上网逛论坛的网友，经常能看一些让人哭笑不得的帖子。有一个被炒得沸沸扬扬的帖子是这样的:一个在北京上大学的农村女孩，看到城市里的奢华和纸醉金迷十分向往，她很羡慕她的同学能买很多漂亮且昂贵的衣服。后来在她做家教的过程中认识了一个有钱的中年人，这个中年人看她长得年轻漂亮就要包养她，答应给她任何物质上的需求。于是，大学毕业后她没有找工作，直接住进了男人为她准备的公寓，她每天的活动就是逛街购物、护肤化妆、去酒吧喝酒、去迪厅蹦迪……她说她每个月都会在男人那里要很多钱，一个月比一个月多，她总觉得寂寞，寂寞了就去买奢侈品让自己开心，可停下来后就仍然寂寞和空虚，然后再去买东西，再陷入寂寞。就这样，她不光是在欲望中迷失了自己做人的方向，还因为欲望而误入歧途，欲望让她堕落不堪，不仅让她丧失了独立的人格，还丧失了她做人的尊严。她就是让欲望毁了自己人生的人。

《佛说生经》上说得好:一切世间的欲望，没有一个人不想满足，这些有着非常大的危害，为什么还要自找伤害?大大小小一切河流，全都流归大海。欲望不能满足，贪爱没有止境。在现实生活中，人们总是喜欢拼命地追求、索取，以为这样便可以得到幸福。殊不知，当你费尽心机地实现了这个目标，消除了一个烦恼，很快你又会有新的没有实现的目标，你又会烦恼。如此反复，永无尽头。事实上，你不仅没有得到幸福，反而烦恼和痛苦会越来越多。因为你都不知道自己想要的是什么，所以一直都在盲目地追寻着肤浅的物质。

那幸福到底是什么?许多人都在问，其实得到幸福很简单。站在一个客观的角度把自己看透，听一听自己内心的声音，扔掉那些对自己来说十分奢侈的梦想和追求，那么，你就被幸福包围了。

有位著名的心理学家说:“一个人体会幸福的感觉不仅与现实有关，还与自己的期望值紧密相连。如果期望值大于现实值，人们就会失望;反之，就会高兴。”的确，在同样的现实面前，由于期望值不一样，你的心情、体会就会产生差异。就像一只小猫把自己的尾巴当成自己的幸福，于是天天追着尾巴跑，可是尾巴总是一躲再躲，它从来都没有追上过，又累得气喘吁吁，而当它着手做自己的事情时，尾巴却形影不离地伴随着小猫。人的欲望就是这样，你越去追求，就越得不到满足。那些活得快快乐乐的人绝不会是欲火存心的人，而是那些能够看透但不看破自己和人生，知足常乐，无欲一身轻的人。

人生的许多不幸，大多不是来自自身的贫穷，而是来自对自己的没看透而诱发出来的欲望。人们总是在得到一点小利以后就向往着更大的财富，并总是想在大量的物质财富里获得幸福，其实这是人们认识思维中的误区。

不记得是谁说的，我们的痛苦、我们的不幸，不是因为我们拥有的不够多，而是源于我们对这个世界知晓的太多。如果不知道冰激凌，夏天有白开水喝一样过得很快乐。这句话可能说的并不全面，但是却在某一方面说透了人们的困惑。在物欲横流的今天，面对这个光怪陆离的世界，大多数人被物欲所控制，不惜以身试法。最后踏上了一条不归路。

轻松人生最有效的方法就是“看透自己，降低欲望”。通过心理调节，使自己能够平静地对待目标，从而减轻或消除心理负担，幸福也就会悄然而至。在世界上所有获得幸福的途径中，这种方法的投入产出比最高，它基本上不用你花一分钱，有时甚至能省钱。

一位智者说:“人生不同的结果起源于不同的心态。”的确，假如世界变得灰暗，那是你自己心中不够灿烂。只要降低一份欲望，你便会得到一份幸福。

“得之愈艰，爱之愈深”，这似乎可以表明人们从物质享受中获得的幸福与愉快，其实一切与物品本身无关，而是与人对自己和人生是否看透，是否看破的心境、心态有关。健全文明的心态，有助于我们不至于在物欲横流中，让幸福递减下去。如果还想找回那种幸福感的话，那么就多回忆一生中的苦日子，过有节制的生活吧!卸掉你内心过多的物欲，轻松幸福感才能长久地保存和延续。

4.看清自己的疑虑

善疑人者，人亦疑之，善防人者，人亦防之。无端猜疑，于事无补;疑心太重，害己殃人。

有这样一则故事:“宋有富人，天雨墙坏。其子曰:‘不筑，必将有盗。’其邻人之父亦云。暮而果大亡其财，其家甚智其子，而疑邻人之父。”(《韩非子·说难》)这就是众所周知的“智子疑邻”的故事。由此看出，猜疑使友善被曲解为恶意，好心被认为歹心，扭曲了事情的本来面目，也导致了人与人之间关系的恶化，还使人在疑虑中心力交瘁，受尽折磨。只有你看透自己内心的多疑并且消除它，才能活得轻松自在。

猜疑，看透了就是无中生有地起疑心，对人对事不放心加小心。有了猜疑之心，对待朋友，看待事物，就不能从客观实际出发，进行合乎逻辑的判断、推理，而是凭借一点表面现象，主观臆断，随意夸大，进而扭曲事物，得出一个不切实际的结论，或者先入为主，先设框框，然后察言观色，甚至无中生有，把幻觉当真，把一些毫无关系的现象也当做事实材料，生拉硬拽来当做证据。不能看透自己，没有看清自己内心有善猜疑的品性，并且把它用于人际交往中，势必会使人与人之间本来小小的疙瘩发展成长期的不和。自古以来不知有多少人因为猜疑疏远了朋友，中断了友谊，甚至断送江山。猜疑实在是害己又殃人，具体归纳一下猜疑的不良后果：

（1）猜疑使人失去公正的态度

正像上面引用的“智子疑邻”的故事，同样是忠诚的劝告，富人对儿子称赞，因为亲近，忠告便显得聪明；对邻人之父非亲非故，结果“信而被疑，忠而被谤”，显然失去了公正的态度。

（2）猜疑危及国家安全

历史告诉我们，君臣相互猜疑则天下就会动乱。因而贤明的君主和精明的大臣，都把猜疑视为相处的一大祸害加以避免。三国时期的诸葛亮，一向被认为能选贤任能、精明能干，但也有一定偏颇之处，就是过于明察，反生疑人之心，对人不信任，大事小事无不亲自过问，出将入相，茕茕孑立。诸葛亮对受降之将魏延始终用而不信，怀疑他有反叛之心，致使军事上失去“股肱”之助。诸葛亮死之后，又发生魏延的冤案，蜀汉元气大伤，造成“蜀中无大将，廖化作先锋”的不利局面。

（3）猜疑就是自己折磨自己

杯弓蛇影的典故就是很好的例证。弓影投映在盛酒的杯中，好像小蛇在游动，饮者以为真的把“蛇”吞下去了，越想越恶心，结果害得自己重病一场。这才是天下本无事，庸人自疑之，疑心太重，到头来自讨苦吃。

（4）信人者不疑人，疑人者不信人

对别人无端地猜疑，其实是对自身的没看透和对自身的不自信，貌似无端，实则有端，猜疑源于褊狭的私心。“以小人之心，度君子之腹”，疑心太重的人，总怕别人争夺自己的所爱、所求、所得，怕别人损害自己的利益，终日疑神疑鬼，顾虑重重，古人曰：“善疑人者，人亦疑之，善防人者，人亦防之。”你对别人不放心，别人能对你坚信不疑吗？虽说防人之心不可无，但是时时提防，处处疑心，还会有知心朋友吗？

猜疑之心形成，是由于不够看透和不够信任造成的。信任是人与人之间沟通的桥梁，猜疑是通向友谊和友爱的障碍。要消除猜疑，杜绝疑虑，可以从3方面努力：

（1）排除私心杂念

私心作怪，患得患失，怕他人争取权财，势必疑虑重重，难展宏图。

（2）实事求是，弄清事实真相

社会上对人对事褒贬不一，谗言讹语，搅得你真假难辨好坏不分，我们应该一切从实际出发，不要听风就是雨。

（3）经常沟通，增进了解

俗话说，友谊靠热情来浇灌，感情靠联络来维系。朋友之交，实际上就是思想、感情、信息的交流。朋友之间来往多了、联系强了，相互了解也就加深了，没有言语和行动上的沟通，何以见得志同道合、心心相印?交朋友需交心，交心必须真诚坦白、推心置腹，你对人说三分话，怎能乞求别人全抛一片真心给你。老抱着“天可度，地可量，唯有人心不可防”的旧皇历，就会失去知心朋友。

“疑行无名，疑事无功”，这是看透了猜疑的人的至理名言。如果你看透了自己，并看透了自身猜疑的根源，那就赶快将它踢开去，不要让它继续成为人际交往中的绊脚石。

5.调节自己失意的砝码

天下事，有成功，也有失败，失败固然是痛苦的，但一个看透自己的人，是不会因为个人的挫折而消沉的。看透自己的人都会在失意时调节自己。

不要小看自我心理调节，有的人能忍受严重的挫折而不灰心，有的人仅仅遇到不太大的挫折就意志消沉。善于调节情绪的人往往能够在失意时迅速地调节自己，使自己始终保持最佳状态。

在漫长的人生道路上，情场失意、金榜落第、工作棘手、事业无成、天灾人祸、健康不佳等都是很难幸免的。这些因素无论是来自主观的，还是来自客观的，都可能给你带来挫折。

所谓挫折，在心理学上解释为个体在通向目标的道路上遇到不可克服的障碍而产生的一种紧张的状态和情绪反应。一般地说，个体越是重要的动机受到阻碍，所感受到的挫折就越大。在通常情况下，个体遇到挫折时可产生多种多样的情绪变化和行为反应。如或是表现为对他人怒目而视、无理取闹、拳脚相向以及迁怒于物等愤怒情绪和攻击行为；或是表现为茫然无措、忧郁压抑、失去自信、心悸胸闷等焦虑感；或是表现为处世冷淡、无动于衷、麻木不仁、表情呆滞等冷漠的态度；或是表现为墨守成规、执拗偏见、重复无效动作、拼命寻求老办法，如此等等，不一而足。因而，至少可以说，挫折会严重影响人们的生理健康和心理健康，这是毫无疑问的。

为了寻找切实有效的办法来应付挫折，有必要看透挫折是一种主观感受，客观上受着个体的容忍力和抱负水平的影响。想要取得成功的人就要对失败和挫折有一定的容忍力。容忍力是指个体遇到挫折时的适应能力。有的人能忍受严重的挫折而不灰心，有的人仅仅遇到一点点的挫折就意志消沉；有的人能忍受工作的挫折，却不能容忍自尊心受损；有的人能忍受生活的磨难，却受不了情场的失意，等等。

容忍力之大小与个体的生理条件、挫折的频度、解决的希望、过去的挫折经验以及对挫折的主观判断等因素有关。而抱负水平是指一个人对自己所要达到的目标规定的标准。比如说，甲一心想考取某名牌大学，而乙只求考取某地区师专，结果两人同时被某普通师范大学录取。这时甲为自己的失败深受挫折，乙却为自己的成功倍加欣喜。可见，对某人造成挫折的情况，对另一人来说未必也成为挫折。鉴于这些原因，有如下几种办法可供朋友们在遇到挫折时进行参考：

（1）微笑着面对挫折

用笑脸来迎接悲惨的厄运，用百倍的勇气来应付一切的不幸。

要晓得：“天下事，有成功，也有失败。成功固足喜，失败也非无益。”当你面对挫折的时候，不要回避，不要气馁，要冷静地分析失败的原因，总结经验教训，在挫折中磨炼意志，继续奋斗。

（2）承受一切力所能及的事情

国外有位叫布朗的心理学者说得好，一个人如果想没有任何阻碍，永远保持其满足水平和平庸状态，像母牛一样自得，那是既愚蠢又含糊的。为了提高承受挫折的能力，一方面对工作、学习和生活中可能遇到的困难和失败应有充分的心理准备，以防止或减轻一旦受到挫折时的沉重打击；另一方面，若能学些诙谐、幽默的谈吐，培养开朗、豪放的性格，养成乐观、深沉的处世态度，也将有助于提高承受挫折的能力。

（3）做人要“能屈能伸”

个人的抱负应符合主、客观的具体条件，实事求是，从实际出发而定。力避志大才疏，想入非非。要懂得人的抱负应该随时随地做适当的调整，否则的话，极易产生受挫感。

如前面列举的甲同学在那个普通师大里仍不调整进名牌大学的抱负，其挫折感可能使他不但享受不到大学生的生活乐趣，无法安心学习，甚至连普通师大的毕业证书都拿不到手。反之，如果他看透一点，调整了抱负水平，先把功课学好，既可获得成功的喜悦，又可为来日再报考研究生进名牌大学创造有利条件。

（4）寻找补偿的良方妙药

当你在某一方面受到挫折时，可在另一方面谋求成功，从中获得心理上的快慰。积极的补偿途径大致有两条，一条是“失之东隅，收之桑榆”。例如，情场失意者可埋头攻读，以求事业有成；数理化思维能力差的学生可竭力在文学、体育等方面一显才能。

发奋图强，矢志不移。在受到挫折的时候，想透彻一点，看开一点，把眼光放远一点，以顽强的毅力和百折不挠的精神去转败为胜，转弱为强，从逆境中寻找有利条件。相信，一个看透自己并敢于战胜自己的人，是不会因为个人的挫折而消沉的。

6.每天超越自己一点点

看透自己潜能的无限性，深度挖掘自身的潜能，战胜自己目前能力的瓶颈，追求更卓越的自己。

每个人的潜能都是无限的，我们现在所开发和运用的不过是我们自身所具备的潜能的冰山一角。如果你能明白自己潜能的无限性，就要努力深度挖掘自身的潜能，努力追求卓越的自己，战胜自己目前能力的瓶颈，也就是要超越自己。实际上，你不必担心什么，只要让超越成为一种习惯，你每天为自己设限，让自己每天超越一点点，效果便会显现出来。

许多人被成功拒之门外，并不是成功遥不可及，而是他们没有看透自己内在的潜力，不能超越自己。很多时候，只要我们很自信地告诉自己：“要发现自己。超越自我，没问题!”

下面，我们简单地介绍一些方法，供想看透自己并想挖掘自己的人参考：

(1) 学会主动

要获得卓越成就，你就应该主动追求。念头积极了，你才会摒弃懒散的习性。你必须让潜意识充满积极的想法，无论任何状况，你都要超越自我。

然而，追求卓越成就并不是一味地表现，而是应该更加提醒自己要谦虚，因为你知道，凡是有卓越成就的人，他们有亲和力，受人欢迎。他们常常鼓励别人，并且嘉许、肯定别人。如果你不能接纳别人的卓越成就，反而冷嘲热讽，那你一定会孤立无援。

所以，不要用猜忌、排斥、冷漠的态度去面对别人的卓越成就，你应该学习、赞赏他们的成就，使彼此能够相处融洽，不因竞争而失去友谊。

(2) 脚踏实地

许多人一生中怀有相当多的抱负，但他们往往都不愿意脚踏实地去做。他们认为“要做那么久才能成功，不划算!更何况我又不知道我的付出是否会有回报?”他们常常抱怨怀才不遇，因此多年下来，依旧是一事无成。

如果你认为卓越的成就可以不费吹灰之力而获得，那当你遭遇挫折时，你便会很容易怨天尤人，把责任推给别人。俗话说，天下没有不劳而获的东西，也没有空手可得的成功，你要成功、成名，就必须经得起长久的付出与持续的努力。

(3) 在精神上超越自我

超越自己，可分成两种。一种是物质上的享受，一种是精神上的超越。当然，这两者同样重要。

如果，以价值观来说，后者胜于前者。因为快乐是源自心境的宽适，而真正的幸福，则是源于精神的安稳。

也许物质享受可以满足我们一时的乐趣，但乐趣的背后往往是更加的空虚，因为我们的要求、欲望会逐日增大、增多，一旦一切都不能满足时，我们就可能会迷失自己，进而用消极方式来麻醉自己。

物质享受并非不重要，要你舍弃物质，全心专注于精神生活上，实在是件极不容易的事。因此，当面临两难时，你应该在两者间取得平衡。

（4）相信自己——我可以

不论追求什么，你都必须充满信心。不要认为自己能力不足，也不要过于庸人自扰，你应该告诉自己："我办得到！"

任何障碍我都可解除。

无论什么时候，我的想法尽可能是积极的。

我要沉着应变，才能化险为夷，创造卓越成就。

有人说，信心就像一粒芥菜种子。如果你细心呵护，小小的种子便会长成既高且大的芥菜。同理，如果你用心浇灌信心的种子，就没有任何事可以难倒你了。

（5）革新自己——主动学习

在追求过程中，一定要学会改变自己。如果缺乏改变能力，那我们便不容易突破瓶颈，反而会被逆境打倒。所以，对于每一个难题，我们都必须谨慎对待并加以解决。

如何培养改变能力？

①不断地锻炼自己。枪是愈擦愈亮，军队训练愈严，军容愈能达到"雄壮、威武"的境界；不断地锻炼，才能磨炼出自我卓越的一面。

②主动学习。许多困境是我们尚未遇到的，因此，我们应该随时主动学习，以弥补自己的不足。

7.克服内心的恐惧

我们自己内心的恐惧都是一无是处的，它只会消磨人的自信、勇气与活力，把人拉向失败的地狱。想进入成功的天堂，我们最好是赶出心里的“鬼”，消除心里的恐惧。

恐惧，即害怕、不安。恐惧在我们小时候是看完《聊斋》时，在漆黑的夜路上，总觉得后面有只鬼在跟着的胆战心惊。其实世界上是没有鬼的，鬼在我们心里。长大以后，这一点我们体会得更加透彻。

原来鬼确实在我们的心里，而且有的人心里的鬼特别多。出丑是鬼，失宠是鬼，困难是鬼，失败是鬼……以至于他们无论走什么路，见什么人，做什么事的时候都会恐惧。其实，恐惧心理是我们每个人天生就有的，而我们冷静地看透自己的内心会发现，恐惧往往都是一无是处的，它只会消磨人的自信、勇气与活力，把人拉向失败的地狱。想进入成功的天堂，我们最好是看透自己内心恐惧的根源，并克服它。

而生活中，做事有恐惧心理的人太多了。我们已经到了这么一种境地：一件衣服思前想后最后也没敢穿出门，害怕不合潮流，被路人嘲笑；从小到大学的英语从来都不敢说出口，害怕说错而遭人笑话；在还没有开始做瑜伽之前，我们就开始暗示自己即将在练习过程中遇到的疼痛，而决定放弃原本很切实可行的计划；蛋糕做到一半的时候，我们便联想如果做的不好，端上桌子后客人的怪异眼光，于是扔掉了做好一半的蛋糕……当时间的车轮飞快地驶过，我们为自己终于没有撞上“失败”的悲惨而庆幸。我们似乎忘了，虽没有遭受“那件事”的失败，我们却已遭受了更大的“失败”。当下一次挑战来临时，我们仍旧只会选择“恐惧”与逃避。

我们在惊叹“冒险者”的勇气时，虽可能也会兴起一股冲动，但仅此而已，我们仍只愿坐在电视机前，安享舒适，因为那与生俱来的恐惧太强烈了。“死亡”的阴影时刻潜伏在心灵的某一处，长期的存在，使它的势力不断地增强，我们已经对小小的伤害都产生了害怕。这就是一些人面对稍具危险性的运动便只能观望，而不敢参与的原因。

还有一种人就是永远都喜欢“成帮结伙”，人云亦云，他们永远会说:“你说得很对，我也这么想。”多么善解人意的一句话啊。当“理解万岁”响彻云霄之际，我们深知那是“恐惧”的结果:我们的心灵突破重重障碍，呼喊出这么一句响亮的口号，其深层的目的正是为了消除心底对生活交际的恐惧。

人们表面要求的是“理解”，实际上却是希望以口号联结成一个强大的阵线，以对抗那他们认为个体所无法克服的恐惧。因为，那“恐惧”的对象正是另一些个体的看法。这不是一个个体的世界，我们无法不去重视他人的看法;这是一个交际的世界，我行我素只会遭来群体的排斥。因而我们害怕，以至做任何事都战战兢兢。

失败者睡不着，因为他们曾经担心会这样，而事实也正如他们所愿，他们的恐惧达成了他们的“愿望”。他们因看不到这一更本质的“失败”，所以根本谈不上将这一本质与“那件事”上的失败加以衡量，所以他们根本不知道这其中有个抉择的问题。他们就那么轻率地让一个还没发生的“失败”轻易地将自己击溃。他们向人们叙述那只是“可能”的失败，来为自己的逃避开脱，实际上，却在向人们证明着他们更大的失败。他们缺乏勇气，缺乏信念，在害怕着一个不一定出现的事物。可笑中，他们一生平庸，碌碌无为。

如果我们把自己看透，便会发现“恐惧”并不仅仅是因为我们缺乏自信和勇气。每一次的恐惧，我们都能将之消灭，为何?因为我们可羞地逃避了!我们为什么能逃避呢?因为我们有路可选择，有地可避!因为我们总能找到很好的借口来原谅自己无能的退却!因为我们时刻都在为逃避做准备!

这就是我们，“恐惧”的奴隶，在我们的背后有舒适的处所让我们依靠，“哪里好也好不过家里”。屈原“穷极”才思家，而我们，些许的恐惧，便让我们找到了缩头的借口。

当人们问贝利对他进的哪个球最满意时，贝利回答说:“下一个球。”没有人称其狂妄，人们看到的只有他的大将风度。贝利没有恐惧，他甚至没将以前的成功放在眼里，对多少人而言，那是多好的“避风港”，然而对他而言，那只是“过去”。他说出这句话时，已经切断了自己所有的后路，他只有一个办法，那就是往前冲;他既然已经“夸下了海口”，就已表明他并不在乎别人将如何看待他“可能”的失败。而事实上，他想到更多的是“我能成功”——即是“成功”，更不是“失败”。他心里只有勇气和信念，而不是装的幻想式的欣喜或沮丧。

看来治疗恐惧的办法之一就是，我们首先要看透自己恐惧的根源，然后就是要消灭“余地”。“余地”的存在，给了我们一种坚实的“后盾”感，人类的惰性便有可能勾结“恐惧”以达到其目的。所以，我们要让自己无处藏身，无可躲避，只有一条路，就是前进的路。而后面，只剩下悬崖。我们无路可退。我们是在冒险?没错。整个生命就是一场冒险。走得最远的人，常是愿意去做，并愿意去冒险的人。稳妥之船，从未能从岸边走远。

我们似乎已经完成了自己的使命。然而，在最后一刻，却想透了一个非常重要的问题。我们之所以“能”恐惧，还在于我们“有时间”去恐惧。所以，我们花了那么多“时间”去讨论如何击溃恐惧，却偏偏身在其中而忘记了它这一得力的“帮凶”。

然而，“时间”并不可怕，元凶已看透并就擒，帮凶就简单了。我们只需决定好行为的方向，然后遵循它;保持忙碌，使自己没空“恐惧”。

8.战胜懒惰，做时间的主人

懒惰会使自己的生命白白浪费掉，一生无所作为。看透自己有这个弱点，就要理智地去克服它。

懒惰的人总是会拖延他应该做的所有事情。

闹钟响了，他会说:“让我再睡一会儿。”

事情来了，他会说:“等一等，明天再说。”

所以，要使人生能够成功，使你的生命有意义，你就必须看透懒惰这个人性弱点，必须战胜懒惰。要战胜懒惰，可以按照以下方法去执行:

(1) 承认自己有爱拖延的习惯，并愿意克服它

这是处理一切问题的前提。只有正视它，才能解决问题。不承认自己懒惰，就不可能改正自身的弱点。

(2) 是不是因恐惧而不敢动手，这是爱拖延的一大原因

如果是这一原因，克服的方法是强迫自己做，假想这件事非做不可，并没什么可恐惧的，并不像你想象得那么难，这样你终会惊讶事情竟然做好了。

(3) 是不是因为健康不佳而懒惰

其实，懒惰并不是健康问题，而是一种生活态度问题，有些人，尽管疾病缠身，还照样勤奋努力不已。如果身体真的有病，这种时候常爱拖延，就要留意你的身体状况，应及时去治疗，而不应该拖延。

(4) 严格要求自己，磨炼你的意志力

意志薄弱的人常爱拖延。磨炼意志力不妨从简单的事情做起，每天坚持做一种简

单的事情，例如写日记，只要天天坚持，慢慢地就会养成勤劳的习惯。

(5) 在整洁的环境里工作不易分心，也不易拖延

把自己生活的环境整理好，使人身居其中感觉舒适，就会热爱自己的生活，产生勤奋的动力。另外，备齐必要的工具也可加快工作进度，也可以避免拖延的借口。

(6) 做好计划

对自己每天的生活、工作，作出合理的安排，制订切实可行的计划，要求自己严格按计划行事，直到完成为止。

(7) 公开你的计划

在适当的场合，比如，在家庭里，或者在朋友面前，把你的计划向大家宣布，这样你就会自己约束自己，不敢拖延。为了你的面子，你不得不按时做完。

(8) 严防掉进借口的陷阱

我们常常拖延着去做某些事情，总是为自己的懒惰找理由、找借口。例如“时间还很充足”、“现在动手为时尚早”、“现在做已经太迟了”、“准备工作还没做好”、“这件事太早做完了，又会给我别的事”，等等，不一而足。

(9) 抱着只做10分钟的打算

开始克服懒惰，不可能坚持很长时间，你可以对自己说：“只干一会儿，就10分钟。”10分钟以后，很可能你兴奋起来而不想罢手了。

(10) 不给自己分心的机会

我们的注意力常常受外界的干扰，不能够投入工作，成为我们拖延偷懒的借口。把杂志收起来，关掉电视，关上门，拉上窗帘，等等。这样，就可以使自己的注意力集中起来，克服拖延的毛病，投入地工作。

(11) 留在现场

有些事情在开始做时，总会不顺利，这就成为拖延偷懒的借口，我们会说放一放再说，转身就走，这样就无法克服懒惰的习惯。强迫自己留在事情的现场不许走，过一会儿，你可能就找到了解决问题的办法，你可能就不再拖延，而会继续干下去。

(12) 避免做了一半就停下来

这样很容易使人对事情产生棘手感、厌烦感。应该做到告一段落再停下来，会给

你带来一定的成就感，促使你对事情感兴趣。

（13）先动手再说

三思而后行，往往成了拖延的借口。

有些事情应该当机立断，说干就干，只要干起来了，你就不会偷懒，即使遇到问题，你也可以边干边想，最终就会有结果。

（14）想想事情做完后将得到的回报，那是多么愉快啊

克服懒惰的办法就是让结果对他有一定的诱惑力。

我们从小教孩子：

去洗洗碗，干完了有奖励。

去洗衣服，洗完了可以看电视。

其实，我们自己要克服懒惰，也可以给自己设定一个勤劳的报酬，来激励自己。

偷懒之后，我们就会觉得时间不够用了，我们就会痛悔虚度一生。只有战胜懒惰，我们才能做时间的主人，从容不迫、丰富而多彩地度过一生。

9.扫除自卑，找回自信

自卑是压抑自我的沉重精神枷锁，使人陷入悲观哀怨的深渊不能自拔，真是害莫大焉！看透了自卑的灰尘，如果你不及时地清扫，很可能越积越厚，最终让你看不到你心上的自信和成功在哪里。

每个人都或多或少存在着自卑，这是人性里潜伏的特质，若你看透了自卑，其实自卑并不可怕，可怕的是沉浸在自卑当中而丧失了追求成功的勇气。当你的心被自卑的灰尘蒙蔽的时候，如果你不及时地清扫，很可能越积越厚，最终让你看不到你心上的自信和成功在哪里。

心理学家认为，自卑是由于一种过多地自我否定而产生的自惭形秽的情绪体验。其主要表现为对自己的能力、学识、品质等自身因素评价过低；心理承受能力脆弱，经不起较强的刺激；谨小慎微，多愁善感，常产生猜疑心理；行为畏缩、瞻前顾后等。

自卑心理可能产生在任何年龄段和各种各样的人身上。比如说，德才平平，生命仍未闪现出“辉煌”与“亮丽”，往往容易产生“看破红尘”的感叹和“流水落花春去也”的无奈，以至把悲观失望当成了人生的主调；经过奋力拼搏，工作有了成绩，事业上创造了“辉煌”，但总担心“风光”不再，容易产生前途渺茫、“四大皆空”的哀叹；随着年龄的增长，青春一去不回头，往往容易哀怨岁月的无情和生发出红日偏西的无奈……

这种自卑心理是压抑自我的沉重精神枷锁，是一种消极、不良的心境。它消磨人的意志，软化人的信念，淡化人的追求，使人锐气钝化，畏缩不前，从自我怀疑、自我否定开始，以自我埋没、自我消沉告终，使人陷入悲观哀怨的深渊不能自拔，真是害莫大焉！

如果你回首看看自己的过去就会发现，曾经的自卑或多或少都影响了你的人生。

有一个女孩很喜欢班上一个非常优秀的男孩，那个男孩品学兼优，长得干净阳光，所有的老师和同学都很喜欢他。女孩虽然喜欢他但是从来不敢跟他表白，因为她认为自己学习成绩没男孩好（虽然也是班里的前十名），长得又黑又瘦，没有一点可以用漂亮来形容，她觉得自己简直糟糕透了，根本配不上男孩。有很多次男孩主动和她说话，她都装作不理，其实都是因为自卑。就这样，她的爱被自卑的灰尘埋没了。

时隔多年，男孩和女孩又一次相遇，男孩告诉女孩说她是他的初恋。女孩当时就泪潸潸了，她的自卑让一段美好的爱情没有开始就结束了。

爱情里，自卑是阻碍爱情发展的绊脚石，事业上，自卑的危害则表现得更加明显。

自卑向来是人生成功之大敌。自古以来，多少人为自卑而深深苦恼，多少人为寻找克服自卑的方法而苦苦寻觅。

强者不是天生的，强者也并非没有软弱的时候，强者之所以成为强者，在于他看透了自己，看透了自身自卑的根源，并且善于战胜自己的自卑和软弱。一代球王贝利初到巴西最有名气的桑托斯足球队时，他害怕那些大球星瞧不起自己，竟紧张得一夜未眠，他本是球场上的佼佼者，但却无端地怀疑自己，恐惧他人。后来他设法在球场上忘掉自我，专注踢球，保持一种泰然自若的心态，从此便以锐不可挡之势踢进了1000多个球。球王贝利战胜自卑的过程告诉我们，要首先看透自己，并且不要怀疑自己、贬低自己，只需勇往直前，付诸行动，就一定能走向成功。

那么，究竟该如何克服自己的自卑呢？现在要讨论的问题是，假定你有一两种自卑感，而想加以利用，转弱为强，办得到吗？

不错，这并不容易。但是办不到吗？看透过去的经验来说，并非如此。有几位伟人的生平就是一部奋斗史，显示出借补偿作用而获得成就的可能性有多大。读达尔文、济慈、康德、拜伦、培根、亚里士多德的传记，就会明白，他们的品格和一生，都是个人缺陷形成的。像亚力山大、拿破仑、纳尔逊，是因为生来身材矮小，所以立志要在军事上获得辉煌成就；像苏格拉底、伏尔泰，是因为自惭奇丑，所以在思想上痛下功夫而大放光芒。

当你看透了自卑对于自身的害处，那么，现在就是开始行动的时候了。任何人都有自卑的时候，但不能因自卑而影响自己的生活，你可以过更好的生活。人不应让自卑感作祟而使自己觉得难堪，应该像一般成功快乐的人那样，好好地发挥自卑感原有的作用。虽然起初不大有把握，可是你会发现你自己不再受它的驱使，而是在利用它，将来好有一个更精彩更丰富的人生。

别人看得起自己，不如自己看得起自己。只有充分认识自己的长处，才能保持奋发向上的劲头。看到自己的缺点也没有关系，只要你有一颗进取心，努力去改掉你的缺点，让自己更加完善。遇到一些不能改变的缺陷，就顺其自然地接受它，并能够努力利用这些缺陷，或把这些缺陷变成你独特的特征，那么你就成功了，因为你看到了自己身上的闪光点，你已经找到了自信的源泉。

就像有人批评爱迪生：“你已经失败了1200次了。”可是爱迪生不这么认为，他仰起头自豪地说：“我的成功就在于发现了1200种材料不适合做灯丝。”如果哪天你也能像爱迪生那样，在面临别人针对你的缺陷进行挖苦，而你却能用你的缺陷镇住他时，你便成功地扫除了你心里的自卑，由自信的花朵铺就的成功之路，正在你脚下向远方延展，通向美好的未来。

10.你只需要战胜自己

一个人只要看透自己，具备了敢于挑战自己的素质，就能做成他想要做的且又能做的任何一件事。

在日本有一个成绩优秀的青年，去应聘一家大公司，结果名落孙山。这位青年得知这一消息后，深感绝望，把自己看破，顿生轻生之念，幸亏抢救及时，自杀未遂。不久传来消息，他的考试成绩名列榜首，是统计考分时，电脑出了差错，他被公司录用了。但很快又传来消息，说他又被公司解聘了，理由是一个人连如此小小的打击都承受不起，又怎么能在今后的岗位上建功立业呢?这个青年虽然在考分上击败了其他对手，可他没有打败自己心理上的敌人，他的心理敌人就是惧怕失败，对自己缺乏信心，遇事自己给自己制造心理上的紧张和压力。

在追求成功的道路上，我们发现一部分人失败了，而另一部分人却成功了。这其中的主要原因是:前者是被自己打败，后者却是战胜自己。美国有位叫凯丝·戴莱的女士，她有一副好嗓子，一心想当歌星，遗憾的是她的嘴巴太大，还有暴牙。她初次上台演唱时，努力用上嘴唇掩盖暴牙，自以为那是很有魅力的表情，殊不知却给别人留下滑稽可笑的感觉。有一位男听众很直率地告诉她:“暴齿不必掩藏，你应该尽情地张开嘴巴，观众看到你真实大方的表情，相信一定会喜欢你的。也许你所介意的暴牙，会为你带来好运呢!”

一个歌唱演员在大庭广众之下暴露自己的缺陷，首先需要看透但不看破人生，用理智说服自己，用勇气打败自己。凯丝·戴莱接受了这位男听众的忠告，不再为暴齿而烦恼，她尽情地张开嘴巴，发挥自己的潜能特长，终于成为美国影视界的大明星。

一个人要挑战自己，靠的不是投机取巧，不是耍小聪明，靠的是看透自身后所产生的信心。世界著名的游泳健将弗洛伦丝·查德威克，一次从卡得林那岛游向加利福尼亚海湾，在海水中泡了16个小时，只剩下一海里时，她看见前面大雾茫茫，潜意识发出了“何时才能游到彼岸”的信号，她顿时浑身困乏，失去了信心。于是她被拉上小艇休息，失去了一次创造纪录的机会。事后，弗洛伦丝·查德威克才知道，她已经快要登上了成功的彼岸，阻碍她成功的不是大雾，而是她内心的疑惑。是她自己在大雾挡住视线之后，对创造新的纪录失去了信心，然后才被大雾所俘虏。过了两个多月，弗洛伦丝·查德威克又一次重游加利福尼亚海湾，游到最后，她不停地对自己说：“离彼岸越来越近了！”潜意识发出了“我这次一定能打破纪录！”的信号，她顿时浑身来劲，最后她终于实现了目标。

人只要坚信自己一定能够到达成功的彼岸，就会有自信，就会产生坚强的意志力量。人与人之间，弱者与强者之间，成功与失败之间最大的差异就在于对人生和自我观念的差异。人一旦看透自己，就能用积极的方式战胜自身的各种弱点。

一个人有了信心，有了意志的力量，就具备了敢于挑战自己的素质，就能做成在这个世界上能做的任何事情。

11.别再拖延，立即行动

拖延并不能省下时间和精力，刚好相反，它使你心力交瘁，疲于奔命，最终毁了你的美好人生。

生活中许多人有拖延时间的坏习惯，无论做什么事情都今天推明天、明天推后天，以此类推，事情不但办不成，反而耽误了自己也妨碍了他人，最终让拖延的毛病毁了自己大好的人生。要有好的明天，我们就要看透自己喜欢拖延的原因，并且努力战胜它，一切请从今天开始，从现在开始。今天事今天做，不仅可以帮助你快速丰富人生，还能抓住机遇、创造机遇。

康纳勒普说："今天事，今天做。太阳决不会为你而再升。"我们也都知道这个道理，但是生活中毕竟我们要做的事情实在太多，如果没有一个好的规划，势必会很多事情堆积在一起，搞得我们筋疲力尽，到最后什么事情都不想按时去做了，因为我们真的很累，自身的惰性更是难以克服。于是，拖延便在这时候产生了。本来今天晚上该洗澡了，工作了一天真是懒得动，那就明天再洗吧，明天还是很累，又拖延到后天，最后还是在周六有活动不得已的情况下洗了一次澡。

这不过是一件很小的事情，也许你认为无所谓。但是如果你没有看透，其实很多时候就是因为你拖延这样的小事，让你与一个很好的"大机遇"无缘。一天很巧，你碰到了那个心仪已久的女士，本来应该英俊潇洒地调侃一番，可是，因为你的"邋遢"，连你自己都觉得不好意思在人家面前多说几句。因此一个很好的良缘就这样与你擦肩而过了，不过是因为你昨晚懒得洗澡。可谓悲哀啊！

很多事情就是因为我们的拖延而被毁掉了，而你从没有看透自己所做事情失败的原因，更没有看透拖延在这失败中的分量。抱着今天的事不做，明天的事往后推的态度过日子，时间、精力会被白白地消耗掉，如果将这些时间和精力集中起来，却能将那件事做好。拖延的习惯很妨碍人行事，俗话说：“命运无常，良缘难再。”一生中，若错过良好机会，以后就可能永远失去了。

不要以为自己还年轻，还有许多时间。要知道时间是有脚的，会走，也会跑，不善待时间的人最终会受到时间的惩罚。

有一个古老的故事：在森林里，阳光明媚，所有的鸟儿都在为过冬辛勤地劳动着。只有一只寒号鸟，它看到别人辛勤地劳动，反而嘲笑不已。

好心的百灵鸟提醒它说：“寒号鸟，快垒个窝吧！不然冬天来了，你怎么过呢？”

寒号鸟轻蔑地说：“冬天还早呢，着什么急呀！趁着现在的大好时光，快快乐乐地玩吧！”

就这样，日复一日，冬天眨眼就来了。晚上鸟儿们都在暖和的窝里安然休息，而寒号鸟却被寒风冻得瑟瑟发抖，用嘶哑的歌喉悔恨过去，哀叫未来。

第二天太阳出来了，万物苏醒了。沐浴在阳光中，寒号鸟非常惬意，完全忘记了昨天夜里被冻的痛苦，又快乐地歌唱起来。

有鸟儿劝它：“快垒窝吧！不然晚上又要发抖了。”

寒号鸟嘲笑它说：“不会享受的家伙。”

寒冷的夜晚又来临了，寒号鸟又重复着昨天晚上的经历。就这样重复了几个晚上，大雪突然降临，鸟儿们奇怪寒号鸟怎么不发出叫声了呢？太阳一出来，大家才发现，寒号鸟早已被冻死了。

今天你把事情推到明天，明天又把事情推到后天，一而再，再而三，事情永远没个完。只有那些善待今日的人，才会在“今天”奠定成功的基石，孕育“明天”的希望。

爱默生说：“我们应当记住，一年中每一天都是珍贵的时光。”文嘉不但写过《今日歌》，还写过《明日歌》。“明日复明日！明日何其多！我生待明日，万事成蹉跎。世人若被明日累，春去秋来老将至。朝看水东流，暮看日西坠，百年明日有几时？请君听我《明日歌》。”这无疑是诗人对有拖延时间习惯者的最好忠告。

陶渊明诗曰:“盛年不重来，一日难再晨，及时当勉励，岁月不待人。”制定每日的工作时间进度表。每天都有目标，有结果，日清日新。今日不清，必然积累，积累多了就会拖延，久而久之就会养成拖延时间的坏习惯，而这种习惯导致的结果便是堕落、颓废。

一个人在一生中，总有各种各样的憧憬，有各自的理想，也有不同的计划。假使能够抓住一切憧憬，将一切理想都实现，把所有计划都执行，那么，他在事业上的成就，就可用不可估量来形容了。然而许多人往往是对人生和自身不能看透，有憧憬不能抓住，有理想不能实现，有计划不去执行，最终会坐视种种憧憬、理想、计划在眼前消逝。人们总喜欢把今天该做的事情积攒到明天做，把明天的事情留到后天去完成，要看透这是一种不良习惯，会影响你的一生。

一个生动而强烈的臆想忽然闯入一位著作家的脑海，使他生出一种不可阻遏的冲动，便想提起笔来，将那美丽生动的臆想移向白纸。但那时他由于某种原因，没有立刻就写。那个臆想还是不断地在他脑海中活跃，然而他还是拖延。后来，那个臆想便逐渐地模糊、褪色，终于完全消失了。塞万提斯说:“取道于‘等一会儿’之街，人将走入于‘永’不之室。”真是名言。

为什么这些印象，是这样的来去无踪?其来也，是这样地强烈而生动;其去也，是这样地迅速而飘忽?其原因在于人们对某一新鲜事物产生的某种灵感，来得快去得也快，这就需要立刻把握住它们。如果被拖延时间的坏习惯束缚了手脚，势必会浪费这份美好，等到灵感消失殆尽后再后悔已为时晚矣。

凯撒因为接到了报告，没有立刻展读，遂致一到议会就丧失了生命。拉尔上校正在玩纸牌，忽然有人递来一个报告，说华盛顿的军队已经进展到提拉瓦尔。他将报告塞入衣袋中，牌局完毕，他才展开阅读。虽然他立刻调集部下，出发应战，但时间已经太迟了，结果全军被俘，自己也因此战死。仅仅是几分钟的延迟，便使他丧失了尊荣、自由与生命。

拖延必然要付出代价。能拖就拖的人心情总是不愉快的，总觉得疲乏。因为应做而未做的工作不断给他带来压迫感。“若无闲事挂心头，便是人间好时节”，拖延者心头不空，因而常感时间紧迫。拖延并不能省下时间和精力，刚好相反，它使你心力交瘁，疲于奔命。

拖延不仅于事无补，反而白白浪费了宝贵时间。

哲学家塞涅卡说:“时间的最大损失是拖延、期待和依赖将来。”因此，想有一个好的人生，你就要赶快看透拖延给你带来的致命伤害，但不要把自身看破，抓紧从你的灵魂中将它舍弃。不要害怕，舍弃了拖延的毛病，你就会知道，所有的事情都是要做的，凡事要趁早做，拖延只会毁了你。

第十章

神马都是浮云

——快乐人生不需要“羡慕嫉妒恨”

人的一生就是一次单线程的旅行，这条路上有阳光鲜花，也有雨雪风霜。看透了人生，就不要因为一次偶尔的挫折而看轻自己和生命，要知道，只要你对生活充满希望和热情，人生就没有趟不过的河，过不去的坎。相信生活，总有一天痛苦和不幸会过去，幸福快乐会来临。

1.享受眼下的生活

活着的人就要会享受生活，生命是美丽的，也是短暂的。紧紧抓住它吧!珍爱生命，享受生命里的每一分钟。

我们可以把人类的体验分为两种:一种是追求功效的有用性,他是一个缺少快乐的生活者;一种是追求生活的快活，他才是真正的会生活的快乐者。

很多时候，我们都在为明天的生活而奔波，却忘记了享受今天。到头来会发现，即使生命的最后一天，我们也没有品尝过人活着的乐趣，因为，一个人的人生就是由许多个今天构成的。我们的欲望没完没了，尽管在某些方面可能得到片刻满足，但当另一个新的欲望生成，我们又会义无反顾地跳进这个大陷阱中。因为我们没有看透人生,因此我们一辈子都在做生活的奴隶，而非主人。我们就像寓言中那头愚蠢的驴子,总是死盯着眼前那根永远吃不到的萝卜,却不能好好地品尝嘴里正在吃的东西的味道。

假如太阳在我们的生命中只出现一次，那么每个人都不会放弃这唯一的观望。我们会提早准备，决不会错过。

只因太阳每天都会升起、落下，所以我们就纵容自己几个月都不去抬头关注它一次。

罗丹曾说过:“生活中不是缺少美，而是缺少发现美的眼睛。”

想一想，早上还没有起床时，你就开始担心起床后的寒冷而错失掉享受被窝里最后几分钟的温暖;走出家门你又开始担心路上可能会塞车;坐在办公室里，你又开始设想下班后是该去看场电影，还是与朋友约会;刚刚发完薪水，你又开始盼望下一个月发薪的日子赶快来临。

我们就是这样，总想着一件事的终点，却忘记欣赏过程中的美丽和幸福。我们总是急着等周末来临、节日来临。我们总是盼望孩子快快长大，自己赶快退休在家待着。等我们真的老了时，又随时担心生命会在下一分钟结束。我们总是忙不迭地过日子，一刻也不停地瞎转。

我们总是把拥有物质的多少，外表形象的好坏看得过于重要，用金钱、精力和时间换取别人可能会有的好评，根本没有时间享受生活的轻松。

其实美本来就是随处可见的，她就在你心里，就在你看见的每一个地方，根本不用费心就能找到。只要你对生活充满感恩，感恩自己还好好地活着，这本就是一种幸福。

适当地幻想是对人生的一种憧憬，但过多沉溺于幻想里，就会忘记眼前真实的生活。

“生活在此刻”，才应该是你遵循的生活原则。必须摆脱对“下一刻”的迷恋和幻想，它们大多数不切实际，有的虽然最终会得到，却剥夺了我们此刻的生活。

不要一边吃饭一边想着办公室中的工作，不要一边工作又一边担心下班会不会塞车。

摆脱不必要的幻想，学会欣赏和体验已经拥有的此刻，本身就是一种成长。

我们要为每一天的日出欣喜不已。

我们要为自己所从事的工作带来的生活体验而高兴。

我们要分享与家人、朋友相处时的甜蜜。

我们要学会与自然和谐共处，去聆听风雨之声，去仰望璀璨的星空，与无穷的自然生命力相连接。

停下你追求名利的脚步，静下心来学会欣赏和体验此刻的生活。

学会享受知足的感觉，学会欣赏和体验已经拥有的此刻。这本身就是一种快乐。

2.做人不能自暴自弃

一个自暴自弃的人，就算你的地位怎么高，财富怎么多，人家仍会觉得你有缺陷。

一个人贫穷点没关系，地位低些也没关系。这些都是外在的，是可以凭自己的努力改变的，或者说得极端些，不改变又怎么样呢?各人有各人的生活，只要不妨碍别人，不对不起别人，穷些苦些又怎么样呢?但如果一个人自暴自弃，那就麻烦了，那就没有救了。

一个好端端的人，为什么会看破人生，自暴自弃呢?

奥地利心理学家奥威尔说:"对自己没有一点信心的人，就是自卑的人;或者说，自卑的人，必定是自暴自弃的人。"

有一个外企女职员，原来在某大学学习的时候，是一个十分自信、从容的女孩。她学习成绩在班级里是出类拔萃的，相貌也是一流的，追她的男孩子也特别多。毕业以后，她成了一家韩国公司的职员。在那儿干了一个月之后，旁人惊讶地发现，原先十分活泼可爱、说话很多的她，竟然像换了一个人似的，每天都面容憔悴，心不在焉，也没有活力，不但说话变得羞羞答答了，连行为也变得畏头缩尾。而且说起一些事情来的时候，总是显得特别不自信，和大学时候的她形成明显对比。

为什么原来活泼自信的她，到了韩国人的公司就变得消沉自卑了呢?

是韩国人的大男子主义文化熏染了她?那也不至于熏染得这么厉害呀!是她工作干得不好屡遭批评?据说她的业绩还是一流的。

其实，原因十分简单，一切都是她自己的原因。是她产生了自暴自弃的心理，这种心理在心理学上，属于后天的认识性自卑，也就是说，主要原因在于她的认识——她对周围环境的认识、她对自己的工作的认识，她对同事与上司的认识，更主要的是她对自己的认识。

原来她到了韩国人的公司之后，由于发现韩国人的服饰和言谈举止都显得如此高贵，如此严正，她一下子就感觉到自己像个村姑，上不了台面。她对自己的服装产生了深深的憎厌，所以，第二天她就跑到高档商场去了。可是，当时工资还没有发，她买不起那些名牌服装，于是，只好灰溜溜地回来了。

想想这个，她几乎要哭出来。她恨自己的贫穷。

而服饰还是小事，她和同事们的另一个不同在于，她们平时用的香水，都是法国货，在她们所及之处，处处清香飘逸，而自己用的，只是国产的劣质香水。

女人与女人之间，聊起来无非是生活上的琐碎小事。而所谓生活上的琐碎小事，主要的当然是衣服、化妆品、首饰什么的，而这些，她几乎是什么都没有。这样，她在同事们中间就显得十分孤立，也十分羞惭。在那种时候，她都恨不得找个地洞钻进去。

久而久之，在同事们面前，她怎么不感到自卑呢？

在这种心理的影响下，她工作起来也提不起劲，老是出错。后来，她就破罐子破摔了，爱怎么样就怎么样吧，她变得越来越孤立。本来，要是进入一个全民单位，这就没什么，可她偏偏进了一个韩国公司，这下就麻烦了。她要不祛除自暴自弃的自卑心理，就难免出现矛盾。

于是，在她工作的第一个月，她连遭上司的训斥。她每每给弄得委屈不堪，回到宿舍就躲在被子里哭。这样一段日子下来，看着别人好好地待在自己的岗位上，她更觉得自己不如别人了。

由于以上这些原因，不到一个月，她便从一个自信的人变成了另外一个人。

其实，她根本用不着自暴自弃。她的这种心理，根本是“一相情愿”的结果，是她自己跟自己过不去，是她自己的认识有误才导致的结果。

就生活来说，谁大学刚毕业就能披金戴银动辄名牌呢？除非靠家里，而靠家里也是不光荣的，至少在韩国人眼里是不光荣的。美国人为富豪排列名次，根本不把那些封建王室诸如英国王室、日本王室等排在里面，他们看得起的是白手起家的富豪，而不是靠继承遗产、侵吞国家财富而发家的高官显贵。所以，一个大学刚毕业的人穷一点，别人根本不会介意。

因此，一个自暴自弃的人，如果他的自暴自弃是来自后天的认识性自卑，那大可不必紧张，是可以从追究原因着手而予以铲除的。

主要说来，自暴自弃是受了以下几种心态的影响：

（1）为财务问题而自暴自弃者

财务危机是21世纪想成功的人的头号杀手。这个世界的权力和自由，似乎仍属于那些财务管理良好的人。这类型的人的普遍特征为“以债养债”、“生产力永远赶不上借债及欠债能力”、“偏差的金钱观”、“不知道钱怎么花光的”、“逃避债务”、“人际关系紧张，甚至破裂”、“身心状况普遍欠佳”。

（2）为感情问题而自暴自弃者

多愁善感，钻牛角尖，爱之欲其生，恶之欲其死，是这类人的普遍特征。

现代人的感情观普遍受到媒介的影响：文学作品、平面媒体、电影、电视，加上耳濡目染亲朋好友的故事，一般人对感情的评价和衡量，本来就很难找到平衡点。而这类人通常又视感情为生命的唯一或全部，一旦发生严重的感情事件，便一发不可收拾，心情跌至谷底，生活中的一切也跟着到谷底、深渊，无法自拔。

（3）为学业、工作及学习能力问题而自暴自弃者

为学业问题（考试、升学）而自暴自弃，几乎是现代社会特有的现象；为工作问题（找不到工作、常常换工作）而自暴自弃，则是资讯爆炸竞争力时代来临而衍生的问题。两者均涉及“学习态度与能力”的问题，这类型的人，长期累积的负面自我评估、自我定罪、自我设限充满自卑，也欠缺关爱鼓励，是其共同特征。

（4）为健康问题而自暴自弃者

为身体痼疾而痛不欲生者亦为21世纪的常见现象。探访病患者及其家属，你会发现“生死大事”确实颇折磨人，垂死者经常经历的主要情绪包括孤独、焦虑、恐惧、否认、急怒、挫折、疏离、沮丧等，病人看待死亡的态度，与生理病痛所引发的多种痛苦，求生与求死，也深刻地影响病人家属的情感起伏。毕竟，自暴自弃对于健康的

恢复毫无益处。

但是，我们还应看到。这个世界上又有许多先天缺陷的人，能克服内心的障碍，从而取得了胜利。海伦·凯勒，一个耳朵不能听、眼睛不能看、嘴巴不能说的女子，却成就了非凡的教育事业。在全世界有太多先天或后天失去双手、双脚的人士，却成为激励人心的演说家，或成为一代典范的政治家(像美国前总统罗斯福)。

那么他们是如何培养出克服障碍、脱离自我放弃的能力的呢?

我们通过仔细观察就会发现，他们第一个共同点是:“终于”接受“失去一些什么”的事实，并且，往前走。他们从前也会“怨天尤人”，但如今，“不再”花一分一秒的时间在责怪别人，埋怨上帝、父母或自我控告上。所以他们第二个共同点就是，让自己身上仅存的优点变成优势，并且发挥得淋漓尽致。有些人为了修正缺点、改变坏毛病，不知花了多少精力、时间、金钱，仍徒劳无功;有些人明知自己有先天的缺陷和后天的缺点，却宁愿在优点上全心全力以赴，直至优点变成优势，并且帮助更多的人。海伦·凯勒以触觉听音，她能聆听别人喉结中的音乐，真令人拍案叫绝，赞叹造物主的奇妙。他们的第三个共同点，也是最重要的特点，他们极虔诚地热爱生命、了解生命的本质。换言之，是生命的光热和上帝的恩典帮助他们走出自暴自弃的阴影，克服障碍，跨越世俗的障碍，获得了成功。

3.人不要活得太累

积极的人会在任何时候都留点快乐给自己，给自己的心灵放个假，心灵的空间渐渐扩大，而你就越觉轻松。

现代社会中，人们工作和生活的节奏加快，竞争也日渐激烈，如果人们不能明白人生是个享受的过程，而是一味地拼命工作，就会身心疲劳，即人们常说的“活得累”。要改变这种状态，就要学会放松自己。

心理学家认为，疲倦是人体对外界压力不适应，是健康状态已处在警戒线的信号，机体已经亮起红灯了。

例如，情绪紧张焦虑可导致出汗、心律不齐等现象；情感打击会使人感到沮丧；劳心的工作会使人精疲力竭。这些不良情绪还会引起内分泌失调、中枢神经错乱、能量过度耗损，以致使人无法正常地工作和生活。

既然压力对我们产生如此大的危害，让我们了解一下压力的产生原因：

（1）择业困难带来压力

就业市场的供大于求造成就业机率相对较低带来的压力。压力来自于赶时尚、追潮流、爱虚荣。如出国潮、金融潮、装修潮等林林总总的时尚潮流诱惑着青年人，然而条件所限，并非所有人皆能如愿，于是，便产生了压力。

（2）知识更新快带来的压力

科学技术的日新月异，知识更新的速度越来越快，要求人的知识结构也要不断地更新。这给人们带来了紧迫感而产生了压力。

（3）竞争带来压力

现代社会是市场经济，到处充满着竞争。岗位竞争，从而带动知识竞争、能力竞争、业绩竞争，这些竞争无形中给人造成了很大的压力。

（4）急于求成造成压力

如果对一个问题思考了一整天，却还是想不出个结果，则很容易产生紧张、忧虑的情绪。

（5）压力来自于心理

有很多时候，我们的工作量没有那么多，我们的烦心事也不算什么，但我们就是觉得压力很大，这种压力来自于心理。如果我们心理上能轻松承受，它就不会给你带来压力。

（6）压力来自于自卑

如果我们缺乏自信，对原本能够完成的工作也不敢去努力，就会产生压力。我们首先要建立信心，从心理上肯定自己能够完成这份工作，做起事来，就会感觉轻松多了。

（7）压力来自于优柔寡断

如果你平时总爱思前想后，患得患失，对工作、生活、家庭想得太多，顾虑太多，无疑是在给自己施加压力。

（8）压力来自于情感婚姻

感情生活、婚姻生活不顺带来的压力，包括离异、丧偶、夫妻感情不合等都会造成压力。

（9）压力来自于追求尽善尽美

一般来说，中年人都会认为自己从事的事业应开花结果了，然而并非所有人都能在事业上春风得意，这种理想与现实的差距便形成了压力。

处在竞争激烈的时代，人们面临的心理压力问题对自身的威胁，将远远大于生理疾病的威胁。那些快乐的人会适时调适自己的心理，如同善于增减衣服以适应气候变化一样，能获得舒适的生存；而没有看透人生的人，却长久走不出烦恼的怪圈，极容易接受消极与虚妄的心理暗示。

要改变这种状态，就要学会放松自己。

（1）消除内心顾虑

科学家认为，人需要激情、紧张和压力。如果没有既甜蜜又痛苦的冒险滋味的滋养，人的机体根本无法存在。适度的压力可以激发人的免疫力，从而延长人的寿命。在社会节奏越来越快的今天，几乎所有人都感受到了压力，为了放松紧张的精神，有些人往往选择一些过激的方式来缓解压力，然而，这样做往往不能达到轻松的目的。

（2）培养幽默感

当你嘲笑压力时，压力也会害羞，不妨对自己的缺点、不足与失误友好地讽刺、幽默一番，如此便可减轻心理压力。

（3）强化压力抵抗力

①分析造成压力的原因，反复思量自己究竟在烦恼什么，然后想想怎样做才能防止压力的产生。

②如果找不到预防压力的好办法，试着改变自己的心态。

③试着告诉自己，那些目前困扰自己的情况并不严重。

④发现压力的当天就要尽力消灭它。

⑤对可能产生的压力做好心理准备。

⑥不要指望以休假来埋葬压力。

⑦自信，对人生持乐观态度。

（4）选择自己喜欢做的事

如果条件允许，你要尽可能为自己选择一种自己喜欢的职业，它能让你实现理想。在从事这种职业生涯时，你不是作为奴隶出现，而是在独立地进行创造。最合乎这些要求的职业，不一定是最高尚的职业，但却是最可取的职业。

（5）顺应时代的变化

一定要打破陈规，抛弃那种“以前是这么做的”、“这么做能行”、“不，办不到”、“所以不可能”的思维定式，应把目光转向“试着想想别的办法”的方向。不要企求一步登天，向极困难的问题提出挑战，而应从身边的、手头的问题开始。社会在变，整个世界都时刻变化着，如果你在工作中仍是一成不变，那就势必会落后于时代。现在的时代是个瞬息万变的时代，人们的生活方式和需求都在发生变化，所以每个人的工作也应该求新、求变、求突破。

（6）放松精神

闭上眼睛，训练思维“游逛”，假想在蓝天白云之下，坐在草地上观望远处成群的牛羊，使精神小憩。

（7）分解法

把生活中的压力罗列出来，列一张表，各个击破后，你会发现这些压力原本是如此简单地就能消除。

（8）想哭就哭

心理学家认为:哭能缓解压力，通过哭可以释放内心深处的压抑情感，获得一份轻松。

（9）参加体育运动

运动是减少忧虑的最有效的办法。国外还出现了一种新兴行业“运动消气中心”。该中心教人如何发泄怨气减轻压力，如大喊大叫、砸“玻璃”、打枕头等。

（10）吃零食

咀嚼吞咽运动，可以转移紧张情绪，咀嚼过程中，大脑产生另外一种兴奋，可以抑制压力，放松心情。

（11）找人倾诉

一个人如果心情郁闷时，最好找亲人、朋友聊聊天，可以有效地减轻压力。

（12）养宠物

一项实验表明，当人精神紧张时，同可爱的宠物玩耍一会儿，会无意识地进入“荣辱皆忘”的境界。国外一家公司的老板，为了消除雇员的工作压力，每周都将自家养的憨态可掬的牧羊犬带来，让雇员逗弄一会儿，以缓解员工的工作压力。

（13）阿Q精神

风雨总会过去，太阳终会出来，明天会更好，用阿Q的精神胜利法也可以给自己带来一份好心情。

总之，好心情是自己创造的，要记住就算在爬山很累的时候，也不忘停下来欣赏周围的风景，享受过程的快乐。

4.坦然接受现实

坦然接受现实，决非逆来顺受或弹奏宿命论的调子，而是一种大彻大悟后的顺其自然。

接受已经发生的事，是克服不幸的第一步，坦然接受现实的无奈是对人生看透不看破的艺术。生活中我们无法控制不幸事情的发生，但我们可以控制自己对于不幸的反应。

生活中往往会出现一些难以预料的事情，说不准什么时候就会突然遭遇了这样或那样的挫折。而挫折一旦降临，便成了生活中既成的事实。这种事实究竟会生出什么样的心理感受，主要看你对人生以及对事实所持的态度。

有一个人，医生怀疑他有胃癌。他的朋友们搜肠刮肚地炮制了一连串的安慰话，并且在心里一遍一遍地演练，希望能充分发挥话语的力量给他一些鼓励。但一推开房门，这个人却很平静地躺在床上阅读一本哲学书，一如平日坐在书桌前。对于悲痛的故作镇定，可以说是世界上最令人难受的事，我们宁愿悲痛之人率性疯狂，痛哭狂呼。

朋友们都说，你别假镇定了，不是想树立什么典型吧?让人难受……话没说完，这个人抬了下手笑着说:“哎，我什么时候演过戏了?没那么严重。我遗憾的仅仅是饮食不能随心所欲，不能像以前那样吃水煮鱼和麻辣串了。”

他的笑容让每一个人都为之感动，多么坚强多么乐观的一个人!人生有那么多的快乐等着我们去享受，谁也不想生病，谁也不想从病魔那里领略什么人生真谛，可是既来之，则安之，与其愁眉苦脸，何不看透些，想开些，去笑着接受呢?病痛，就把它看做是上帝赐给我们的一份生活内容，一种生命体验吧，微笑着平静地领受是最好的选择。

笑着接受既成的事实，就是以积极的心态来“解读”面临的事实，就是将思绪的情感转移到其他可为的方面上去。如果我们为自己的意志力量所无能为力的事情而烦恼，那无异于自寻烦恼，作茧自缚，以致自戕。面对无奈的事实，悲愤、痛苦不如看透些，学会笑着接受。

当然笑着接受现实，决非逆来顺受或弹奏宿命论的调子，而是一种大彻大悟后的顺其自然。接受并非是事态的全部，而是走出挫折事实所带来的不幸阴影的第一步。卡耐基在他的《开创光明人生》中写道：在漫长的人生道路中，我们难免会遭受许多不愉快的事态。此时，只有三种对应方法可供我们选择：一是把它当做不可逃避的事实，接受它、适应它；二是抗拒它而导致人生的覆灭；三是为它忧闷在心而陷于神经衰弱。聪明的人会选择哪种对应方法呢？

的确，在某些时候，我们不得不向人生的暴风雪低头。如果不问境况与之硬拼，那是对人生没有看透的表现，不仅容易心情郁闷，而且还可能毁灭自己。但这低头决不是对人生拼搏的劝降，而是一种等待、顺应、迂回、替代或超越的人生策略，目的在于战胜风雪，更好地生存下去，求得长远的发展。

坦然去接受既成的事实，并不是阿Q式的精神胜利法，也不是沙漠中的鸵鸟，阿Q的悲哀在于对可为之事而不为，任凭事态的恶化，等待成为牺牲品；而鸵鸟的愚蠢则在于昏昧的逃避。笑着接受现实，是要勇敢地正视，在平静地面对中，趟出一条希望之路。当我们无法以主观的力量控制事态的时候，或者面对无法改变的事实，已经尽了自己的主观努力的时候，此时与其抱怨，不如平静以对。

如果你看透就会发现，对于无法回避的或没有能力改变的事实，你即使是怒火中烧，心急火燎，也无济于事，事实的发展是不以你的意志为转移的，它一点也不会理睬你沸腾的情绪。你的表演没有人欣赏，只有给自己徒添无名的烦恼。

时间是最具魔力的涂改液，再糟糕的事实也总有过去的时候，你不会永远生活在一种情绪状态之中。但是，要想发生时间更改生活图像的效果，没有相应的心理状态与时间相互作用，是达不到目的的。这种心理状态就是平静。笑着平静对待，让时间来改写不公平的生活事实，让自己能够聚集足够的智慧和勇气，与不公平的生活事实相处，在默默的忍耐中开创崭新的生活。再大的愤怒，也可以在平静的时间之河里一点点地化解，再深重的焦虑，也可以在时间之旅中一点点地淡化。

英皇乔治五世在伯明翰宫书斋的墙壁上，悬挂着这么一个木刻：“但愿我既不望日兴叹，亦不为已倒掉的牛奶而哭泣。”

生活中，我们无法控制不幸事情的发生，但可以控制自己在不幸面前的心态。假如我们被人欺骗，我们总不能永远因此愤恨懊恼不已，假如我们遭受委屈，我们不能因此而总是萎靡不振。这些消极的情绪反应不仅对事情本身没有什么补救作用，相反倒有可能伤害自己。假如说被人骗或遭受委屈，是他人对你的一种伤害，那么对这种伤害的一味悲愤和沮丧，则是自己对自己的伤害。

这时候最好的办法就是以饱满的情绪和积极的态度，坦然去面对不幸的事，这种办法总能收到好的效果。这种办法可以是合理地利用时间，做自己现阶段可以做的事，值得做的事。在遭受不幸的时候，人往往很容易百无聊赖，空虚颓废，因而必须使自己忙碌起来，在充实的日子里加速精神创伤的痊愈；也可以尽自己的热情和能力帮助别人做些事，尽管你属于不幸，或许还有比你更为不幸的人需要你的帮助，在帮助他的过程中，生活的信心必将苏醒。

总之，当你情绪饱满、态度积极地投入某种有益的活动时，你就已经以勇者和智者的坦然心境接受既成的事实，挑战所谓的人生不幸，笑着去迎接明日的朝阳。

5.不要掉进失望的深渊

要看透人生，但不可以对命运和自己绝望。要对自己进行鞭策和批判，反省和检讨失败的原因，才会走出懦弱心理的陷阱。

西方哲学家蓝姆·达斯曾讲了一个真实的故事。一个因病而仅剩下数周生命的妇人，一直将所有的精力都用来思考和谈论死亡有多恐怖。

以安慰垂死之人著称的蓝姆·达斯当时便直截了当地对她说:“你是不是可以不要花那么多时间去想死，而把这些时间用来活呢?”

他刚对她这么说时，那妇人觉得非常不快。但当她看出蓝姆·达斯眼中的真诚时，便慢慢地领悟到他话中的诚意。

“说得对!”她说，“我一直忙着想死，完全忘了该怎么活了。”

一个星期之后，那妇人还是过世了。她在死前充满感激地对蓝姆·达斯说:“过去一个星期，我活得要比前一阵子丰富多了。”

还有一个人，因为幼年时患了一场大病，命虽保住了，但下肢却瘫痪了。他的父亲是位邮局干部，在他中学毕业后父亲设法在邮局给他安排了一份可以坐着不动的工作，工资及各种福利待遇都与常人无别。在这个岗位上，他干了3年。按说，一个重残的人，能有一份这样安稳有保障的工作，应该感到十分满足了。他的许多身体健康的同学，都还在为谋一份职业而四处奔波求人呢。但他却辞职了，因为他在人们的眼光中，不但看到了同情，更看到了怜悯还有不屑。他的自尊心在这种目光中一次次被刺伤，所以纵使父亲的耳光和母亲的哭求都没能阻止他。

辞职后他先是开了一间小书店，但不到半年便因城市改造、房屋拆迁而不得不关门。之后，他又与人合办了一家小印刷厂，也仅仅维持了一年多，便因合伙人背信弃义而倒闭。两次经商，都没成功，而且还债台高筑，这时他的父母和朋友们又来劝他说：“你一个残疾人，就别瞎折腾了，多少好手好脚的人都碰得头破血流呢，何况你！”父亲劝他趁自己还在领导岗位上，让他还是老老实实回邮局上班算了。但他还是没有回头，而是又选择了开饭店。这次他吸取前两次的教训，一年下来，小饭店竟赢利两万多元，于是他又开了两家连锁店。10年之后，他的连锁饭店不但在他居住的城市生根开花，而且还不断在周边的大小城市一家家开张。他自然也就成了事业成功的老板，且娶了漂亮能干的妻子。当有人问他成功的经验时，他说了很多，但他说最重要的，就是千万不要同情自己。

当我们在面对生命中不可避免的病痛、损失、挫败的时候，常常会因为将精力放在病痛、折磨、惧怕的本身，而使得日子更加艰难，甚至许多人因此觉得“活不下去了”。没有人喜欢面对人生痛苦的部分，但只有那些明了自己的思想动力、愿意并成功自我掌控的人，才能够避免将现有的苦痛不断放大，才具备较佳的应对能力。

在现实生活中，不单是身有残疾和病痛的人，就是健康的人，在遭遇挫折和失败的打击时，也会生出悲观失望、自怜自卑、看破人生的心情。在这种情绪的笼罩下，人往往不是寄希望于他人的援手，就是一蹶不振，失去活着的勇气。其实，要看透人生，但不可以对命运和自己绝望。要对自己进行鞭策和批判，反省和检讨失败的原因，才会走出懦弱心理的陷阱。

许多人抱怨自己命运不济，因为缺少机会。那么机会对人生究竟有多重要呢?其实机会就像买彩票一样，投入得越多，失望的概率就越大，因此，过分相信机会有时也是一种片面的想法。

当你遭受损失、挫折的时候，不要把焦点放在你无法挽回的部分，而要把焦点放在“生活里还有那些值得感谢”“还能为自己做些什么”的部分。当自己的情绪呈现负面或消极的时候，要确保自己的意念完全投注在解决办法上，而非问题全身;学着即使在与不幸共存的时刻，还能够积极向上、活在此刻。那么，即使面对再艰难的境况，我们都还能保持内心的宁静，在苦难突然降临的时候，我们能沉着冷静地应付，用对人生看透不看破的心态来主宰自己的命运。

6.人生没有过不去的坎

人世间，并非没有烦恼只有快乐，也并非只有快乐而没有烦恼，所以，保持乐观的态度并不是件十分容易的事情。

乐观就像心灵的一片沃土，为人类所有的美德提供丰富的养分，使它们健康地成长。它使你的心灵更加纯净，意志更加富有弹性。它像最好的朋友一样陪伴着你的仁慈，像尽职尽责的护士一样，呵护着你的耐心，像母亲一样哺育着你的睿智。它是道德和精神最好的滋补剂。

马歇尔·霍尔医生曾对自己的病人说过:“乐观的态度是你最好的药。”成大事者都会选择乐观的生活态度，也就选择了量力而行的睿智和远见，就学会了审时度势、扬长避短，就学会了把握时机。

有个大臣因智慧超群而深受国王宠信。他有一个不同寻常的特点:对待任何事情，他都保持积极乐观的想法。也正是由于这种态度，他为国王解决了不少难题，因而深受国王的器重。

国王喜欢打猎，但在一次围捕猎物的时候，不慎弄断了一截手指。国王疼痛之余，马上叫来了智慧大臣，征询他对意外断指的看法。智慧大臣轻松自在地对国王说，这是一件好事，并劝国王不要为此事而烦恼。

国王听了很生气，认为智慧大臣是在取笑他，即命侍卫将他关进监狱。

待断指伤口愈合之后，国王又兴致勃勃地忙着四处打猎。不幸的事终于发生了，他带队误闯入邻国国境，被埋伏在丛林中的野人捉住了。

按照野人的惯例，必须将活捉的这队人马的首领敬献给他们的神，于是便将国王押上祭坛。正当祭奠仪式要开始时，主持的巫师突然惊叫起来。原来巫师发现国王断了一截手指，而按他们部族的律例，献祭不完整的祭品给天神，是要遭天谴的。野人赶忙将国王押下祭坛，把他驱逐出去，另外抓了一位大臣献祭。国王狼狈地逃回自己的国家，庆幸自己大难不死。忽然，他想起智慧大臣说断指也许是一件好事，便马上将他从牢中释放出来，并当面奖赏了这位大臣。

智慧大臣和往常一样，仍然保持着积极乐观的态度，笑着原谅了国王，并说这一切都是好事。

“说我断指是好事，现在我能接受，但如果说因我误会你，而把你关在牢中，让你受苦，你认为这是好事吗？”国王不服气地质问。

“臣在牢狱中，当然是好事。陛下不妨想想，今天我若不是在牢中，陪陛下出猎的大臣会是谁呢？”智慧大臣笑着回答。

无论遇到多么难办的事，我们都要保持积极乐观的心态，看透些，相信一切问题都会解决的。

曾有一位虔诚的作家，在被人问到该如何抵抗诱惑时，他回答说：“首先，要有乐观的态度；其次，要有乐观的态度；最后，还是要有乐观的态度。”

从众多的传记中，我们可以了解到，古往今来，那些天赋秉异的伟人们，大多都具有乐观的生活态度——他们不为名利、金钱或权势所动——在平静中享受生活的乐趣，迸发着自己的激情，例如荷马、贺拉斯、维吉尔、蒙田、莎士比亚以及塞万提斯等，他们的作品都很好地反映出这一点。在他们经久不衰的著作中，充分表现出了那种对平静和乐观的追求。

人世间，并非没有烦恼只有快乐，也并非只有快乐而没有烦恼，所以要保持乐观的态度并不是件十分容易的事情。

那么，我们如何才能一生都保持愉快的生活呢？请阅读下面8条：

（1）承认弱点

金无足赤，人无完人，要承认自己的弱点，乐意接受别人的建议、忠告，并有勇气承认自己需要帮助。

（2）吸取教训

面对失败和挫折应该从中吸取教训，勇往直前。

（3）要有正义感

在生活中诚实和富有正义感，朋友们就会乐于帮助你。

（4）能屈能伸

对待人生的态度应该是处之泰然，人的一生会遇到意想不到的打击或其他不幸，要客观对待，随遇而安。

（5）乐于助人

帮助别人，与人关系融洽，自然就会受人尊敬。

（6）宽恕他人

自己受到不平等待遇时，学会宽恕和同情他人。

（7）坚守信念

在做任何事情时都必须坚守个人的信念。

（8）心境开朗

只要牢记实践，快乐就会永存心间。

7. 打开心灵的另一扇窗

无论你现在多么贫穷，只要你相信自己会有一个更好的将来，并不断地向着这个目标努力，那么你一定会实现自己的目标。

也许，有些事情目前看来毫无可能，但只要我们怀有对人生充满希望和信心的心态，坚持认为有一天一定会找到可行的办法来完成，那么思想就会逐渐进入一种创造性的状态，就会去吸引那些我们需要的东西，最终使我们成功。

愿望会变为动力，促使其最终变为现实。努力使你的思想变得积极、振奋，不要允许自己有一刻去怀疑自身能否做到正在做的工作。这些怀疑是很危险的，它们会破坏你的创造能力，压抑你的目标。一定要经常对自己说，我必须得到我所需要的东西，这是我的权利，我一定能行。

如果你认为你注定会成功、健康、快乐，对社会有所贡献，那么世界上没有任何东西能够阻挡你去获得这些，这种思想就会有一种奇特的积累作用和磁力作用，帮助你成功，帮助你得到你想要得到的东西。坚定地持有积极思想，一段时间后，你会惊奇地发现，那些你曾为之疯狂、为之奋斗的目标竟已来到你的面前。

日本的水泥大王浅野一郎，23岁从乡下来到繁华的东京时，看到有人用钱买水喝，他感到很奇怪，水还用钱买吗?面对此景，有的人会这样想:东京这个鬼地方，连喝点水都要用钱买，生活费用太高了，怕难以久居。于是，这些人便离开了东京。可浅野一郎并不这么想，他从这件事中看到了生机——东京这地方，连水都能卖钱。他一下子振奋起来，从此开始他的创业生涯，后来终于成为东京的水泥大王。

这种心态是一种建设性的力量，它就像太阳对植物一样重要，对人生看透不看破的观念就是心中的太阳，这种心灵中的阳光构筑生命、美丽，促进它范围所及的一切事情的发展。我们的心理能在这种心灵阳光的照射下茁壮成长，正如花草树木在太阳照射下茁壮成长一样。

那些看破人生的人总是只看到事物阴沉黑暗的一面，总是预测自己可能不利和失败，有些人只看到生命中丑恶肮脏和令人不快的一面，这些人都会受到致命的惩罚，他们会使自己一步一步接近他们看到以及他们期待和担心的那些东西。

一群因地震被埋在废墟下的人，各人的心态决定他们是否能在被困情况下顽强地生存下去，直到营救队的到来。那些将此种境地视为绝境的人因意志崩溃而导致体内能量系统不能有效工作，身体机能逐渐丧失，在缺水、缺食物的情况下，这将是把他们迅速推向死亡的死神之手。而那些意志坚强，坚信光明终究会到来的人，体内则会制造出永不枯竭的生命能量，帮助他们渡过难关。这就是对人生看透不看破的乐观给我们提供的力量，它大到足以支撑整个生命。

我们要懂得利用心灵的阳光，只有它才能为我们照亮光明的前途。只有乐观积极的心态才能吸引那些与成功体验相关的思想。如果你想拥有财富，就不应该继续想着贫穷。如果你想拥有健康的体魄，就不应该想着疾病的身躯。如果你想拥有考试的成功，就应该抛弃测验失败的痛苦回忆。

8.用乐观驱除悲观

怀着一份旷达心境的人，才不会沉湎于自己曾经的拥有，而是怀着对未来无限的希望，重新开始更加美好的创造。

一颗看破人生、固执、自我封闭和充满偏见、狭隘观念的心，就像是一池死水，将永远失去发展自己的机会;生活的阳光那么灿烂美好，为什么非要坐在阴暗的墙角，悲叹自己的命运，不但自己心情不好还牵连了他人。

活得快乐的人对一些繁杂的事情总是很看得开，他们认为，人生在世，不如意的事情十有八九，无论付出多大代价也是徒劳，什么也带不走。所以他们对事物的心态就是，人生在世不快乐白不快乐。他们不管从事什么职业，也不管曾经取得过多么辉煌的成就，都会不骄不躁，泰然处之，从不会使自己成为一个固步自封、自以为是的人。

唐太宗李世民得天下后不久，有一次他对满朝的文武大臣们说:“朕自年少之时就喜欢弓箭，这许多年来曾得到十几张好弓，自以为是天下最好的，没有能超过它们的弓了。可最近我将弓拿给一个弓匠看，他却说:‘做弓用的材料都不是最好的。’朕问其原因，弓匠说:‘弓的材料的中心部分不直，所以，其脉纹也是斜的，弓力虽强，但箭射出去不走直线。’朕以弓箭平定天下，而对弓箭的性能尚没有完全认识清楚，何况天下事务呢，怎能遍知其理?望你们多多发表自己的意见，纠正朕的错误。”

正因为唐太宗李世民有这样一种开放的心态，所以，他才能明白“兼听则明，偏信则暗”、“水能载舟亦能覆舟”的道理;正是因为他有一种开放的心态，他才能知道:

“以铜为鉴，可以正衣冠；以人为鉴，可以知得失；以史为鉴，可以知兴替。”也正是由于他有一种开放的心态，所以大唐才成为了中国历史上最强盛的帝国之一。

治国如此，为人与做事也是如此，在这个世界上，做人就要有一个这样开放的胸怀，也只有如此才能成就辉煌的人生。

大发明家爱迪生靠他的智慧和勤奋，终于为自己建起了一个有着相当规模的工厂，工厂里有着设备相当完善的实验室，这些都是他几十年心血的结晶。然而不幸的是，一天夜里，他的实验室突然着火，紧接着引燃了贮存化学药品的仓库，随后几乎不到片刻的工夫，整个工厂便陷入了一片火海之中。尽管当时消防队调来了所有的消防车，依然无法阻止熊熊大火的蔓延。正当众人为爱迪生一辈子的成果将毁于一旦而感伤的时候，爱迪生却吩咐儿子：“快，快把你的母亲叫来。”儿子不解地问：“火势已不可收拾，就是把全市的人都叫来亦无济于事了，何必还要多此一举呢？”没想到爱迪生却轻松地说：“快让你的母亲来欣赏这百年难得一遇的超级大火！”

妻子赶来了，当她看到爱迪生正以微笑来迎接她时，她有些不解地说：“你的一切都将化成灰烬了，怎么还能笑得出来？”

爱迪生回答说：“不，亲爱的，大火烧掉的是我过去所有的错误！我将在这片土地上建一座更完善、更先进的实验室和工厂。”

这是何其旷达的心境！在灾难面前，爱迪生这种豁达心态令人赞赏！

其实，为失去的东西悲伤是非常愚蠢的行为。你就是为失去的一切毁灭了自己，又有什么用呢？只有怀着一份旷达心境的人，才不会沉湎于自己曾经的拥有，而是怀着对未来无限的希望重新开始更加美好的创造。也许我们许多人都曾经为了失去的金钱、工作、地位、爱情等而伤心啜泣过，但你要相信，在未来的岁月里，一定还会有一份更加美好的礼物在等待着你。失去的东西只能成为你人生经历的一部分，只有现在和未来才是你真实的生活。

笑对过去，笑对未来吧！

9.看透就放下，放下就快乐

历史和现实生活告诉我们：必须学会人生的另一课——放下。

古语说：“宠辱不惊，看庭前花开花落；去留无意，望天空云卷云舒。”这句话就道出了一个看透但不看破人生的快乐，而作为现代人，我们为何不看透点，想开点？学会“放下”来给自己增加点心理弹性，你就会在生活中少一份烦恼，多一份快乐。

我们常说一个人要拿得起，放得下。而没有看透人生的人，“拿得起”容易，“放得下”却难。所谓“放得下”，是指心理状态，就是遇到“千斤重担压心头”时能把心理上的重压卸掉，使之轻松自在。

在现实生活中，看不透人生、想不开、“放不下”的事情实在太多了。

比如子女升学啦，家长的心就首先放不下，又比如老公升官或者发财啦，老婆也会忐忑不安放不下心，怕男人有钱变坏了；再如遇到挫折、失落或者因说错话、做错事受到上级和同事指责，以及好心被人误解受到委屈，于是心里总有个结解不开、放不下，等等。总之，有些朋友就是这也放不下，那也放不下，想这想那，愁这愁那，心事不断，愁肠百结。长此以往，势必产生心理疲劳，乃至发展为心理障碍。

英国科学家贝佛里奇指出：“疲劳过度的人是在追逐死亡。”我国唐代著名医药家、养生学家孙思邈，享年102岁。他在论述养生良方时说：“养生之道，常欲小劳，但莫大疲，莫忧思，莫大怒，莫悲愁，莫大惧，勿把忿恨耿耿于怀。”他指出，这些心理负担都有损于健康和寿命。事实也是如此，有的人之所以感到生活很累，无精打采，未老先衰，就因为习惯于将一些事情吊在心里放不下来，结果在心里刻上一条又一条

“皱纹”，把“心”折腾得老而又老。

辨证论治疗，对症下药，处于上述各种状况时，最简单可行的方法就是看透但不看破人生，适时地选择放下。“放得下”主要体现于以下几方面：

(1)财富能否看透能否放下

李白在《将进酒》诗中写道：“天生我材必有用，千金散尽还复来。”如能在这方面放得下，那可称是非常潇洒的“放”。

(2)情感能否看透能否放下

人世间最说不清道不明的就是一个“情”字。凡是陷入感情纠葛的人，往往会理智失控，剪不断，理还乱。若能在情感方面放得下，可称是理智的“放”。

(3)名利能否看透能否放下

据专家分析，高智商、思维型的人，患心理障碍的比率相对较高。其主要原因在于他们一般都喜欢争强好胜，对名看得较重，有的甚至爱“名”如命，累得死去活来。倘若能对“名”放得下，就称得上是超脱的“放”。

(4)忧愁能否看透能否放下

现实生活中令人忧愁的事实在太多了，就像宋朝女词人李清照所说的：“才下眉头，却上心头。”忧愁可说是妨害健康的“常见病，多发病”。狄更斯说：“苦苦地去做根本就办不到的事情，会带来混乱和苦恼。”泰戈尔说：“世界上的事情最好是一笑了之，不必用眼泪去冲洗。”

在人生的道路上，我们常常会被高昂而光彩的词句弄昏了头，以不屈不挠、百折不回的精神坚持死不认输，死不放弃，结果，最终输掉了我们自己！如果能对人生看透且懂得放下，那就可称作是幸福的“放”，因为没有忧愁的确是一种幸福。当你把自己的快乐带给别人时，你会觉得其实在这个地球中还是有许多快乐的事情的。

生活在五彩缤纷、充满诱惑的世界上，每一个心智正常的人，都会有很多的理想、憧憬和追求。否则，他便会胸无大志，自甘平庸，无所建树。然而，历史和现实生活告诉我们，必须学会人生的另一课——放下。

学会放得下，就是在陷进泥塘里的时候，知道及时爬起来，远远地离开那个泥塘。那个泥塘也许是个“国营单位”，也许是个投资项目，也许是个“三角”或“多角”恋爱，也许是个当作家的梦……

学会放得下，就是发现上错了公共汽车时，能及时下车，另坐一辆。这个道理也好懂。只是人们这样的行为，一旦不是在公共汽车上出现，自己就不太愿意下车了。比方说，如果有一桩不和谐、不幸福的婚姻；一个写了一半就再也无法写下去的剧本；一项不可能有结果的发明，等等。

在生活中，我们应该学会适当放弃，而不要一味地索取。懂得放弃才会快乐，背着包袱走路，总有一天会被疲惫拖垮。

10.再苦也要笑一笑

没有什么东西能比一个阳光灿烂的微笑更能让一个生命震撼的了。看透人生，笑对生活，多苦也会变甜。

生活中很多人都喜欢抱怨人生，他们整日愁眉苦脸，却看不透，即使如此，事情也不会得到解决。这时候，还不如看开一点，生活中再苦也要笑一笑。微笑的力量是巨大的，它有着神奇的魔力，蕴含着震撼人心的力量，它能够化解人与人之间的坚冰，微笑也是你身心健康和人生幸福的标志。

非洲的一座火山爆发后，随之而来的泥石流狂泻而下，迅速流向坐落在山脚下不远处的一个小村庄。农舍、良田、树木，一切的一切都没有躲过被毁的劫难。滚滚而来的泥石流惊醒了睡梦中的一位 14 岁的小女孩。流进屋内的泥石流已上升到她的颈部。小女孩只露出双臂、颈和头部。及时赶到的营救人员围着她一筹莫展。因为对于遍体鳞伤的她来讲，每一次拉扯无疑是一种更大的肉体伤害。此刻房屋早已倒塌，她的双亲也被泥石流夺去了生命，她是村里为数不多的幸存者之一。当记者把摄像机对准她时，她始终没叫一个“疼”字，而是咬着牙微笑着，不停地向营救人员挥手致谢，两手臂做出表示胜利的“V”字形。她坚信政府派来的救援部队一定能救她。可是营救人员最终也没能从固若金汤的泥石流中救出她。而她却始终微笑着挥着手，直到一点一点地被泥石流所淹没。

在生命的最后一刻，她脸上没有一点痛苦失望的表情，反而洋溢着微笑，而且手臂一直保持着“V”字形状。那一刻仿佛延伸了一个世纪，在场的人含泪目睹了这庄严而又悲惨的一幕，心里都充满了悲伤。世界静极，只见灵魂独舞。

死神可以夺去人的生命，却永远夺不去在生死关头那个微笑所蕴含的对人生看透不看破的精神。在人生的道路上，挫折、困难，甚至绝境是避免不了的，最重要的是要保持自身的自信自强，让灵魂始终微笑，高举那面叫做自信的胜利之旗。因为穿透灵魂的微笑，常常在生命边缘蕴含着震撼世界的力量，让人生所有的苦难如轻烟一般飘散。

无论你在什么地方，无论你在做什么，都要记住，简单的一个微笑是一种最为普及的语言，它能够消除人与人之间的隔阂。人与人之间的最短距离是一个可以分享的微笑，即使是你一个人微笑，也可以使你和自己的心灵进行交流和抚慰。

一旦你学会了生活再苦也要保持阳光灿烂的微笑，就会发现，你的生活从此会变得更加轻松，而人们也喜欢享受你那阳光灿烂的微笑。

百货店里，有个穷苦的妇人，带着一个约4岁的男孩在转圈子。走到一架快照摄影机旁，孩子拉着妈妈的手说:“妈妈，让我照一张相吧。”妈妈弯下腰，把孩子额前的头发拢在一旁，很慈祥地说:“不要照了，你的衣服太旧了。”孩子沉默了片刻，抬起头来说:“可是，妈妈，我仍会面带微笑的。”每想起这则故事，我们的心就会被那个小男孩所感动。

如果你在生活的摄像机前也像那个贫穷的小男孩一样，穿着破烂的衣服，一无所有，你能坦然而从容地微笑吗?

面对着亲人，你的一个微笑，能够使他们体会到，在这个世界上，还有另外一个人和他们心心相连;面对着朋友，你的微笑，能够使他们体会出世界上除了亲情，还有同样温暖的友情，让我们感受到，对朋友，他是重要的，必不可少的；走遍世界，微笑是通用的护照；走遍全球，阳光雨露般的微笑是你畅行无阻的通行证。

不仅如此，对人生会心微笑，还是一种神奇的药方，它能医治许多疾病，并具有强身健体的医疗功能。医学家告诉我们，精神病患者很少笑，一个人有疾病或者有其他烦恼，那他也不会从心底发出笑声。

美国加利福尼亚大学的诺曼·卡滋斯曾患胶原病，这是一种疑难杂症，康复的可能性仅为五百分之一，而他就成为这个“一”。后来，他把当时的情况写在了《五百分之一的奇迹》这本书里：

“如果消极情绪引起肉体消极的化学反应的话，那么，可以推测，积极向上的情绪可以引起积极的化学反应。”

“可以推测，爱、希望、信仰、笑、信赖、对生的渴望，等等，也具有医疗价值。”

卡滋斯认为，笑具有惊人的医疗效果：“我的体会是，如果能够从心底里发出笑声，并持续10分钟，会产生诸如镇痛剂一样的作用，至少可以解除疼痛两个小时，安安稳稳地睡觉。”你的笑容，甚至也能给人带来巨大的成功。美国旅馆大王希尔顿于1919年把父亲留给他的1.2万美元连同自己挣来的几千美元投资出去，开始了他雄心勃勃的经营旅馆的生涯。当他的资产奇迹般地增值到几千万美元的时候，他欣喜而自豪地把这一成就告诉了母亲。出乎意料的是，他的母亲淡然地说：“依我看，你和以前根本没有什么两样……事实上你必须把握比5100万美元更值钱的东西：除了对顾客诚实之外，还要想办法使来希尔顿旅馆的人住过了还想再来住，你要想出这样一种简单、容易、不花本钱而行之久远的办法去吸引顾客。这样你的旅馆才有前途。”

经过了长时间的迷惘和摸索，希尔顿找到了具备母亲说的“简单、容易、不花本钱而行之久远”4个条件的东西，那就是微笑服务。

这一经商策略使希尔顿大获成功，他每天对服务员说的第一句话就是“你对顾客微笑了没有？”即使是在最困难的经济萧条时期，他也经常提醒职工们记住：“万万不可把我们心里的愁云摆在脸上，无论旅馆本身遭受的困难如何，希尔顿旅馆服务员脸上的微笑永远是属于旅客的阳光。”就这样，他们度过了最艰难的经济萧条时期，迎来了希尔顿旅馆业的黄金时代。

经营旅馆如此，我们的生活又何尝不是呢?生活中遇到的一切烦恼，又何尝不能用你的微笑化解呢?

所以，不论你现在从事什么工作，在什么地方，也不论你目前遇到了多么严重的困境，甚至你的人生遭遇了前所未有的打击，只要用你的微笑去面对它们，面对一切，那么一切都会在你的微笑前低头。

11.绝境中一定要看到希望

看透人生是一种大智慧，想成大事的人在人生的奋斗过程中，决不能看破人生，将“希望”轻易放弃。

当我们感到失望和困惑时，你千万不要看破人生而放弃自己，不要忘记为自己点燃一盏希望之灯，用它去照亮前方的道路，从而看到远方的光明，鼓舞自己坚定地走下去。

生活中，很多时候我们都会对生活失去信念和信心，在追求目标的路上遭遇挫折的时候，在感情上被人拒绝和背叛的时候，在生命健康遭遇威胁的时候……我们哭泣了，我们犹豫了，我们要放弃了，我们开始冷漠，更可怕的是我们开始觉得人活着好累，好痛苦，真想离开这个世界，睡下去再也不要醒来。于是，生活失去了颜色，天不蓝了，草不绿了，鲜花也凋谢枯萎了，美丽的世界抛弃了我们。没有希望又哪来的美丽呢?

其实生命和生活一直都是美丽的，重点是你是否给自己希望，在陷入挫折的泥淖的时候，是否愿意把人生看透但不看破，相信总有一天一切痛苦和不幸都会过去。哪怕这是一种望梅止渴，也总比看破人生要强。

人生难免陷入绝境，但却有绝处逢生一说，在绝境中最怕的就是看破人生，然后绝望。“无中生有”如果用在这种时候，就可以把“绝”说成无，“有”看作希望。在绝境中看到希望，就有生机存在。

有一年的夏天，一支英国的探险队，要进入撒哈拉沙漠。他们需要经过数日的跋涉，在漫无边际的茫茫大漠中找到一个叫荒漠甘泉的地方。

他们已走了10天，按理再有两天就能到了。尽管劳累困乏，但他们个个信心十足，因为马上他们就会看到荒漠甘泉，那是他们的希望。

可是天有不测风云，这天晚上，他们刚刚将防沙帐篷支好，沙漠上突然狂风怒号，沙“雨”遮天。队长埃塔尔是个经验十分丰富的老探险队员，遇到过各种恶劣情况。经验告诉他，这场沙尘暴将会持续几天。

他传令所有队员，两天的水必须分为5天来用，而且他还强调至少5天。

飞沙走石，大漠上昏天暗地，队员们寸步难行，只好躲在帐篷里焦急地待命。

一天，两天，三天……

风沙依然没有减弱的迹象，但大家的水已经全部用光了。这天早晨，沙尘暴趋于平缓，埃塔尔决定整装出发。出发前，埃塔尔拿出一个重重的水壶，告诉大家：“我们还有这么一壶水，但是我们不能轻意将它喝掉，看不到荒漠甘泉，我们就要坚持着，决不能喝它一口。”大家都同意埃塔尔的意见。因为还有这么一壶水，大家都觉得希望还在，因此都信心十足地向着他们心中神圣的荒漠甘泉，艰难地行走着。

他们心里都清楚，喝掉最后一壶水，将意味着什么；只要还存有这壶水，又将意味着什么。于是，大家都坚强地忍耐着。

一壶水，成了穿越沙漠的信念的源泉，成了求生的寄托和目标。

水壶在队员手中传递，那沉甸甸的感觉使队员们濒临绝望的脸上，又显露出坚定的神色。

终于，探险队顽强地找到了荒漠甘泉，挣脱了死神之手。大家悲喜交加，用颤抖的手拧开了那壶支撑他们精神和信念的水——缓缓流出来的，却是满满的一壶沙子！

其实，这是埃塔尔使用的计策，他们的水都已经全部用光，埃塔尔将他的水壶满满地灌了一壶沙子。他知道如果这时告诉大家水已用光，那将是一个非常可怕的现实。

埃塔尔的一计，让队员们看到了活着的希望，因此坚定了信念，让他们虽处绝境，却毫不退却，以坚韧的毅力战胜了风暴、狂沙、饥渴，还有死亡的威胁。

我们在任何情况下都不可以放弃希望，看破人生。人生难免会陷入绝境，但却有绝处逢生一说。只要你有了看透但不看破人生的信念，你就还有希望。有希望你就有欲望，有欲望你就有动力，从而你就有了好好活下去的勇气和信心。